[redacted]

Mehrdimensionale Analysis und Differentialgleichungen

Nachdruck 2014

$\iiint$	∂	$\oint$	∂	$\iint$
∂	∇	∂	∇	∂
$\oint$	∂	∞	∂	$\oint$
∂	Δ	∂	Δ	∂
$\iint$	∂	$\oint$	∂	$\iiint$

für Ingenieure und Physiker

W. Kimmerle

Autor:
apl. Prof. Dr. Wolfgang Kimmerle
IGT, Fachbereich Mathematik
Universität Stuttgart
Pfaffenwaldring 57
D - 70550 Stuttgart Germany

Mehrdimensionale Analysis und Differentialgleichungen
W.Kimmerle
EAN 978-3936-41309-0
1.korrigierter Nachdruck 2014

edition EAE delkhofen

Daten- und Texterstellung durch den Autor unter Verwendung von LaTeX.
2. Auflage, korrigierter Nachdruck Dezember 2013
Druck: DCC Kästl, Ostfildern - Kemnat

Inhaltsverzeichnis

Vorwort zur 2.Auflage

Dieser Studientext basiert auf meinen Vorlesungen „Höhere Mathematik III für Maschinenbauer, Bauingenieure und Umwelttechniker“vom WS 2002/2003 bzw. „Höhere Mathematik III für Luft- und Raumfahrttechniker, Verfahrenstechniker, Automatisierungstechniker in der Produktion bzw. Materialwissenschaftler “vom WS 2003/2004 bzw. vom WS 2013/2014 sowie „Höhere Mathematik III für Elektrotechniker, Kybernetiker, Mechatroniker und Physiker vom WS 2011/2012. Er ergänzt die gemeinsam mit Prof. Dr. M. Stroppel verfassten Studientexte

„Lineare Algebra und Geometrie“
(ISBN 978 - 3936413 - 25 - 0)
„Analysis von Funktionen einer reellen Veränderlichen“.
(ISBN 978 - 3936413 - 27 - 4)
Der Vorlesungsstoff der Höheren Mathematik III , der zur Zeit an der Universität Stuttgart für die Ingenieurstudiengänge gelehrt wird, wird weitgehend abgedeckt.

Im Gegensatz zu Texten für Mathematiker werden Beweise teilweise nur skizziert oder ganz weggelassen.

Die Drucklegung dieses Manuskripts entspricht dem Wunsch vieler Studenten aller oben genannten Fachrichtungen.

Für eine ausführliche Darstellung der Ingenieurmathematik, eine gute Visualisierung und für ergänzende Kapitel und Kurse aus der Mathematik möchte ich ausdrücklich auf **www.mathematik-online.org** verweisen. Dort findet sich insbesondere umfassendes, zum Teil interaktiv gestaltetes Übungs- und Beispielmaterial, welches zum Verständnis der Höheren Mathematik von ganz wesentlicher Bedeutung ist. Auch Aufgaben und Klausuren zu HM-Vorlesungen sind dort zu finden.
Schreib- und Rechenfehler des letzten Nachdrucks der ersten Auflage, auf dem dieser Studientext basiert, wurden korrigiert. Allen, insbesondere Professor Dr. H. Walk und Professor Dr. H. Hähl, die im Rahmen ihrer Vorlesungen zur Verbesserung dieses Studientextes beigetragen haben, sei an dieser Stelle herzlich gedankt.

Im Vergleich zur ersten Auflage wurde das Kapitel zur komplexen Analysis erweitert und eine Einführung in die Stochastik ergänzt. Neu entstanden sind auch Anhänge zur gleichmäßigen Konvergenz, zum Zusammenspiel von trigonometrischer Interpolation und diskreter Fouriertransformation sowie zu zwei Ergänzungen zu partiellen Differentialgleichungen.
Der vorliegende **korrigierte Nachdruck** unterscheidet sich nur unwesentlich von der 2.Auflage. Es wurden die bekannten Tippfehler sowie manche Formulierungen verbessert. In §8 wurde eine Version des zentralen Grenzwertsatzes eingefügt.

Delkhofen, im Januar 2014

Wolfgang Kimmerle

Kapitel 1

Potentialtheorie, Vektorfelder und Kurvenintegrale

1.1 Potentialfunktionen

Dieser erste Abschnitt wiederholt Begriffe und Aussagen aus [Kimmerle/Stroppel, Analysis §5]. Er dient zur Vorbereitung auf die Integrationstheorie von Funktionen in mehreren Veränderlichen.

Sei $D \subseteq \mathbb{R}^n$. Eine Abbildung $g : D \longrightarrow \mathbb{R}^n$ $(n \geq 2)$ nennt man Vektorfeld.

Beispiel: Sei $f : D \longrightarrow \mathbb{R}, f \in C^1(D)$ dann ist $\mathrm{gradf} : \mathrm{D} \longrightarrow \mathbb{R}^{\mathrm{n}}, \mathrm{x} \mapsto \mathrm{gradf}(\mathrm{x})$ ein Vektorfeld.

Ein Vektorfeld g heißt stetig differenzierbar, wenn für

$$x = \begin{pmatrix} x_1 \\ \vdots \\ x_n \end{pmatrix} \mapsto \begin{pmatrix} g_1(x_1, \ldots, x_n) \\ \vdots \\ g_n(x_1, \ldots, x_n) \end{pmatrix}$$

alle Komponentenfunktionen g_i stetig differenzierbar sind. Entsprechend nennt man g stetig, wenn alle g_i stetig sind bzw. von Klasse $C^i(D)$, wenn dies für alle g_i gilt.
Ein Vektorfeld $g : D \longrightarrow \mathbb{R}^n$ heißt *konservativ*, wenn es eine Funktion f gibt mit $\mathrm{gradf} = \mathrm{g}$. Die Funktion f nennt man dann Potentialfunktion (oder Potential) von g. Statt konservativ sagt man auch, dass das Vektorfeld ein *Gradientenfeld* ist oder auch einfach nur, dass es ein Potential besitzt. Ist $c \in \mathbb{R}$ vorgegeben, dann nennt man $\{x \in D; f(x) = c\}$ eine *Äquipotentialfläche* von g zu c.

Zur Beantwortung der Frage, wann ein Vektorfeld konservativ ist, spielt der folgende Begriff eine wichtige Rolle.

Eine Teilmenge D von $\mathbb{R}^n$ heißt *zusammenhängend*[1], wenn zwei verschiedene Punkte von D stets durch eine glatte Kurve K, die ganz in D verläuft, miteinander verbunden

[1] In der Topologie, einem Gebiet der Mathematik, in der geometrische Objekte bis auf stetige Deformationen untersucht werden, würde man dies genauer als wegzusammenhängend bezeichnen

werden können. Eine offene Teilmenge D von $\mathbb{R}^n$ heißt *einfach zusammenhängend*, wenn sie zusammenhängend ist und wenn sich jede geschlossene doppelpunktfreie Kurve, die ganz in D verläuft, innerhalb von D zu einem Punkt zusammenziehen läßt. Eine offene Teilmenge, die zusammenhängend ist, nennt man auch *Gebiet*.

Beispiele:

- $D = U_\varepsilon(x_0)$ ist in jeder Dimension einfach zusammenhängend. Ebenso ist $\mathbb{R}^n$ für jedes n einfach zusammenhängend.
- Punktierte Kreisscheiben oder Kreischeiben mit Loch oder $\mathbb{R}^2 \setminus \{x_0\}$ sind nicht einfach zusammenhängend.
- Dagegen ist $\mathbb{R}^3 \setminus \{x_0\}$ oder auch jene Menge, die entsteht, wenn man aus $\mathbb{R}^3$ eine Kugel ausschneidet, einfach zusammenhängend.
- Tori oder Brezeln als Teilmengen von $\mathbb{R}^3$ sind nicht einfach zusammenhängend.

Satz 1.1.1: Sei $g : D \longrightarrow \mathbb{R}^n$ ein stetig differenzierbares Vektorfeld und D sei einfach zusammenhängend. Dann besitzt g genau dann eine Potentialfunktion in D, wenn für die Komponentenfunktionen gilt:

$$(*) \qquad \forall 1 \leq i, j \leq n : \quad \frac{\partial}{\partial x_j} g_i = \frac{\partial}{\partial x_i} g_j .$$

Die Potentialfunktion f ist bis auf eine additive Konstante eindeutig.

Die Bedingung an die partiellen Ableitungen der Komponentenfunktionen ist notwendig, unabhängig davon, ob D einfach zusammenhängend ist, d.h. falls g konservativ ist und der Definitionsbereich D eine beliebige offene Menge ist, dann muss (*) gelten. Schreibt man für $n = 2$ bzw. $n = 3$ für die Variablen x, y bzw. x, y und z, dann schreibt sich (*) in der Form

$$g_{1y} = g_{2x}$$

bzw.

$$g_{1y} = g_{2x} \quad g_{1z} = g_{3x} \quad g_{2z} = g_{3y} .$$

Beispiele:

a)

$$g(x, y) = \begin{pmatrix} e^{xy} \\ e^{x+y} \end{pmatrix}$$

Es ist

$$g_{1y} = x \cdot e^{xy}, \quad g_{2x} = e^{x+y} .$$

Daher ist $g_{1y} \neq g_{2x}$ und g hat keine Potentialfunktion.

b)

$$g(x,y) = \begin{pmatrix} 2xy \\ x^2 + 3y^2 \end{pmatrix}$$

$g_{1y} = 2x = g_{2x}$. Das Vektorfeld ist auf ganz $D = \mathbb{R}^2$ definiert und da D einfach zusammenhängend ist, besitzt g auf D eine Potentialfunktion f.

Berechnung von f :

$f_x = 2xy \Longrightarrow f = \int 2xydx+$ Konstante, die nicht von x abhängt, aber von y abhängen darf, also

$$f = \int 2xy\ dx + c(y).$$

Integration ergibt

$$f = yx^2 + c(y).$$

Ableiten und Vergleich mit der zweiten Komponente von g ergibt:

$$f_y = x^2 + \frac{d}{dy}c(y) = x^2 + 3y^2.$$

Es folgt

$$\frac{d}{dy}c(y) = 3y^2 \quad \text{bzw.} \quad c(y) = y^3 + k,$$

wobei k eine Konstante ist. Insgesamt ergibt sich für die Potentialfunktion von g

$$f(x,y) = x^2y + y^3 + k.$$

Man beachte, dass die Eindeutigkeitsaussage von Satz 1.1.1 besagt, dass alle Potentialfunktionen diese Gestalt besitzen.

c)

$$g(x,y,z) = \begin{pmatrix} y\cos(xy) \\ x\cos(xy) + 2yz^3 \\ 3y^2z^2 \end{pmatrix}$$

Potential u berechnen

$$(g_1)_y = \cos(xy) + y \cdot (-\sin(xy)) \cdot x = (g_2)_x$$

$$(g_1)_z = 0 = (g_3)_x$$

$$(g_2)_z = 6yz^2 = (g_3)_y$$

Dies gilt in ganz $\mathbb{R}^3$. Somit gibt es eine Potentialfunktion. Diese berechnet sich folgendermaßen.

$$\int y\cos(xy)dx = \sin(xy) + c(y,z).$$

$$\longrightarrow \frac{d}{dy}(\sin(xy) + c(y,z)) = x\cos(xy) + \frac{d}{dy}c(y,z) \stackrel{!}{=} x\cos(xy) + 2yz^3.$$

$$\longrightarrow \; c(y,z) = \int 2yz^3 = y^2z^3 + u(z).$$

$$\longrightarrow \; f(x,y,z) = \sin(xy) + y^2z^3 + u(z).$$

Ableiten nach z zeigt, dass $u(z)$ eine Konstante ist. Also ergibt sich als Potential

$$f(x,y,z) = \sin(xy) + +y^2z^3 + k.$$

1.2 Rotation und Divergenz

Sei $g : D \longrightarrow \mathbb{R}^n$ ein stetig differenzierbares Vektorfeld. Unter der *Divergenz* von $g = (g_1, \ldots, g_n)^\top$ versteht man

$$\mathrm{div g} := \sum_{\mathrm{i=1}}^{\mathrm{n}} \frac{\partial \mathrm{g_i}}{\partial \mathrm{x_i}} = \mathrm{g_{1x_1}} + \ldots + \mathrm{g_{nx_n}}.$$

Ist $n = 3$, dann definiert man die *Rotation* von g als

$$\mathrm{rot g} = \begin{pmatrix} \dfrac{\partial g_3}{\partial y} - \dfrac{\partial g_2}{\partial z} \\[2ex] \dfrac{\partial g_1}{\partial z} - \dfrac{\partial g_3}{\partial x} \\[2ex] \dfrac{\partial g_2}{\partial x} - \dfrac{\partial g_1}{\partial y} \end{pmatrix}.$$

Die Divergenz ist eine skalare Funktion, $\mathrm{div g : D \longrightarrow \mathbb{R}}$. Die Rotation ist dagegen ein Vektorfeld, $\mathrm{rot g : D \longrightarrow \mathbb{R}^3}$.
Ist beispielsweise $g(x,y,z) = (-y, xz, z^2)^\top$, dann ist

$$\mathrm{div g = 0 + 0 + 2z = 2z}, \quad \mathrm{div g(1,0,3) = 6}$$

und

$$\mathrm{rot g} = \begin{pmatrix} -x \\ 0 \\ z+1 \end{pmatrix}, \; \mathrm{rot g} \begin{pmatrix} 1 \\ 0 \\ 3 \end{pmatrix} = \begin{pmatrix} -1 \\ 0 \\ 4 \end{pmatrix}.$$

Bettet man ein ebenes Vektorfeld $g = \begin{pmatrix} g_1 \\ g_2 \end{pmatrix}$ in den dreidimensionalen Raum $\mathbb{R}^3$ ein via

$$\tilde{g} = \begin{pmatrix} g_1 \\ g_2 \\ 0 \end{pmatrix},$$

dann ist

$$\mathrm{rot}\tilde{g} = \begin{pmatrix} 0 \\ 0 \\ \dfrac{\partial g_2}{\partial x} - \dfrac{\partial g_1}{\partial y} \end{pmatrix}.$$

Man definiert für g die Rotation dann vereinfacht als die dritte Komponente von $\mathrm{rot}\tilde{g}$ also als

$$\mathrm{rotg} := \frac{\partial \mathrm{g}_2}{\partial \mathrm{x}} - \frac{\partial \mathrm{g}_1}{\partial \mathrm{y}}.$$

Im Fall $n = 2$ ist die Rotation dann ein Skalar.
Mit Hilfe des Rotationsbegriffs läßt sich Satz 1.1.1 folgendermaßen schreiben.
Satz 1.2.1 Falls ein räumliches oder ebenes Vektorfeld g ein Potential besitzt, so ist $\mathrm{rotg} = 0$.
Ist der Definitionsbereich von g einfach zusammenhängend, dann ist g konservativ genau dann, wenn $\mathrm{rotg} = 0$ ist.

Bemerkungen:

a) Später werden wir sehen, dass divg ein Maß für den Fluss nach außen (pro Volumeneinheit, pro Zeiteinheit) und rotg ein Maß für Rotation bzw. für Wirbelbildung des Vektorfeldes g ist (ebenfalls pro Volumeneinheit und pro Zeiteinheit).

b) Man nennt ein Vektorfeld g *quellenfrei*, wenn $\mathrm{divg} = 0$ ist, und *wirbelfrei*, wenn $\mathrm{rotg} = 0$ ist.

c) Setzt man

$$\nabla = \begin{pmatrix} \dfrac{\partial}{\partial x_1} \\ \dfrac{\partial}{\partial x_2} \\ \dfrac{\partial}{\partial x_3} \end{pmatrix},$$

dann ist

$$\mathrm{divg} = \nabla \cdot \mathrm{g} = (\frac{\partial}{\partial \mathrm{x}_1}, \frac{\partial}{\partial \mathrm{x}_2}, \frac{\partial}{\partial \mathrm{x}_3}) \cdot (\mathrm{g}_1, \mathrm{g}_2, \mathrm{g}_3)^\top$$

und

$$\mathrm{rotg} = \nabla \times \mathrm{g},$$

denn

$$\begin{vmatrix} e_1 & e_2 & e_3 \\ \frac{\partial}{\partial x} & \frac{\partial}{\partial y} & \frac{\partial}{\partial z} \\ g_1 & g_2 & g_3 \end{vmatrix} = \begin{pmatrix} \frac{\partial g_3}{\partial y} - \frac{\partial g_2}{\partial z} \\ \frac{\partial g_1}{\partial z} - \frac{\partial g_3}{\partial x} \\ \frac{\partial g_2}{\partial x} - \frac{\partial g_1}{\partial y} \end{pmatrix}.$$

d) Den Operator

$$\nabla \cdot \nabla = (\frac{\partial}{\partial x_1})^2 + \ldots + (\frac{\partial}{\partial x_n})^2 =: \Delta$$

nennt man *Laplace - Operator.*

Eine Funktion f nennt man *harmonisch*, wenn $\Delta f = 0$.

e) Es gilt

$$\mathrm{divgradf} = \Delta \mathrm{f}.$$

Also ist $\mathrm{divgradf} = 0$,wenn f harmonisch ist.

Für beliebiges genügend oft differenzierbares g gilt:

$$\mathrm{divrotg} = 0.$$

Beispiel: Das Vektorfeld $g(x,y) = (\frac{-y}{x^2+y^2}, \frac{x}{x^2+y^2})^\top$ ist definiert für $\mathbb{R}^2 \setminus 0$. Es ist

$$\mathrm{rotg} = \frac{(\mathrm{x}^2+\mathrm{y}^2) - 2\mathrm{y}^2}{(\mathrm{x}^2+\mathrm{y}^2)^2} + \frac{(\mathrm{x}^2+\mathrm{y}^2) - 2\mathrm{x}^2}{(\mathrm{x}^2+\mathrm{y}^2)^2} = 0,$$

aber $\mathbb{R}^2 \setminus \{0\}$ ist nicht einfach zusammenhängend. Somit bleibt nach Satz 1.2.1 bzw. 1.1.1 offen, ob g eine Potentialfunktion besitzt. Wir werden diese Frage in Abschnitt 1.3 beantworten. Zuvor wenden wir uns aber Kurvenintegralen zu, die in engem Zusammenhang mit der Potentialtheorie stehen.

1.3 Kurvenintegrale von Vektorfeldern

Sei $D = D^o \subseteq \mathbb{R}^n$ und sei $g : D \longrightarrow \mathbb{R}^n$ ein stetiges Vektorfeld. Sei K eine glatte Kurve mit regulärer Parameterdarstellung $C : [a,b] \longrightarrow D$. Dann nennt man

$$\int_a^b g(C(t)) \cdot C'(t) dt$$

das Kurvenintegral von g längs K. Abkürzend schreibt man hierfür $\int_K g dx$, wobei das Symbol dx vektorielles Bogenelement genannt wird. Besteht eine Kurve aus endlich vielen glatten Kurvenstücken $K_1, \ldots, K_m$ mit jeweils regulärer Parametrisierung

$$C_i : [a_i, b_i] \longrightarrow D \qquad 1 \le i \le m,$$

deren Endpunkte mit dem Anfangspunkt des nächsten Stücks übereinstimmen, d.h.

$$C_i(b_i) = C_{i+1}(a_{i+1}) \quad \text{für } 1 \le i \le m-1,$$

dann definiert man das Kurvenintegral von g längs K durch

$$\int_K g dx = \int_{K_1} g dx + \ldots + \int_{K_m} g dx.$$

Physikalische Interpretationen:

- Ist g ein Kraftfeld, dann ist $\int_K g dx$ die Arbeit, die längs der Kurve K von Anfangs- bis Endpunkt verrichtet werden muss.
- Ist g ein elektrisches Feld, dann ist

$$-\int_K g dx$$

der Spannungsabfall längs K.

Beispiel: Gegeben sei das Vektorfeld

$$g(x, y) = \begin{pmatrix} \frac{xy}{\sqrt{x^2+y^2}} \\ \frac{x^2+2y^2}{\sqrt{x^2+y^2}} \end{pmatrix}$$

sowie die Kurve K mit der Parametrisierung

$$C(t) = (\cos t, \sin t), \qquad \frac{\pi}{4} \le t \le \frac{5\pi}{4}.$$

Anfangspunkt von K ist also $C(\frac{\pi}{4}) = (\frac{\sqrt{2}}{2}, \frac{\sqrt{2}}{2})$ und Endpunkt ist $C(\frac{5\pi}{4}) = (-\frac{\sqrt{2}}{2}, -\frac{\sqrt{2}}{2})$. Mit $C'(t) = (-\sin t, \cos t)^\top$ ergibt sich dann für das Kurvenintegral von g längs K

$$\int_K g\ dx = \int_{\frac{\pi}{4}}^{\frac{5\pi}{4}} g(C(t) \cdot C'(t)\ dt = \int_{\frac{\pi}{4}}^{\frac{5\pi}{4}} -\sin^2 t \cos t + \cos^3 t + 2\sin^2 t \cos t\ dt =$$

$$= \int_{\frac{\pi}{4}}^{\frac{5\pi}{4}} \sin^2 t \cos t + cos^3 t\ dt = \int_{\frac{\pi}{4}}^{\frac{5\pi}{4}} (\sin^2 t + cos^2 t) \cos t\ dt = \int_{\frac{\pi}{4}}^{\frac{5\pi}{4}} \cos t\ dt = -\sqrt{2}.$$

1.3.1 Rechenregeln: Seien g_1, g_2 stetige Vektorfelder und $c \in \mathbb{R}$. Dann gilt:

(i) $\int_K (g_1 + g_2)\ dx \ = \ \int_K g_1\ dx + \int_K g_2\ dx$.

(ii) $\int_K cg\ dx \ = \ c \int_K g\ dx$.

(iii) Ersetzt man K durch die entgegengesetzt durchlaufene Kurve K^*, dann ist

$$\int_{K^*} g dx = -\int_K g dx.$$

Beweis: (i) und (ii) folgen unmittelbar aus den entsprechenden Regeln für bestimmte Integrale von Funktionen einer Veränderlicher. Für (iii) beachte man, dass $C'(t)$ bei entgegengesetzter Durchlaufung in $-C'(t)$ übergeht. □

Bemerkung: Eine Kurve K mit Parametrisierung $C : [a, b] \longrightarrow K$ nennt man *geschlossen* , wenn Anfangs- und Endpunkt zusammenfallen, d.h. es ist $C(a) = C(b)$.
Ist K eine geschlossene Kurve, so schreibt man auch

$$\oint_K g dx \text{ statt } \int_K g dx$$

und spricht von einem *Umlaufintegral.*

Satz 1.3.2: Sei $D = D^o \subseteq \mathbb{R}^n$. und sei $g : D \longrightarrow \mathbb{R}^n$ stetig. K sei eine glatte Kurve mit regulärer Parametrisierung $C : [a, b] \longrightarrow D$. Annahme g ist konservativ mit $g = \text{grad} f$ für $f : D \longrightarrow \mathbb{R}$. Dann gilt:

$$\int_a^b g(C(t)) \cdot C'(t) dt = f(C(b)) - f(C(a)).$$

Das Kurvenintegral hängt also nur vom Anfangspunkt und vom Endpunkt der Kurve ab und besitzt somit für jede glatte Kurve, mit Anfangspunkt $C(a)$ und Endpunkt $C(b)$ denselben Wert. Das Kurvenintegral ist also wegunabhängig. Satz 1.3.2 beweist man durch Anwendung der Kettenregel auf $f \circ C$, siehe [Kimmerle/Stroppel, Analysis §5.3].
Bemerkungen:

- Satz 1.3.2 rechtfertigt, Potentialfunktionen von Gradientenfeldern als Stammfunktion des Vektorfelds zu bezeichnen.
- Manche Autoren bezeichnen die mit -1 multiplizierte Stammfunktion als Potentialfunktion. Dies geschieht aus physikalischen Gründen, da man will, dass bei einem konservativen elektrischen Feld der Gradient in Richtung des stärksten Spannungsabfalls zeigt. Wir werden aber im Kontext dieses Kurses an der Definition festhalten, dass eine Potentialfunktion eines Vektorfeldes g eine Funktion f mit $\text{grad} f = g$ ist.

Beispiele:

a) Sei $g(x, y, z) = \begin{pmatrix} 2xy^3z \\ 3x^2y^2z \\ x^2y^3 \end{pmatrix}$. Dann ist $D = \mathbb{R}^3$ und $\text{rot} g = 0$. Also ist g konservativ und besitzt eine Potentialfunktion. Diese errechnet sich zu $f(x, y, z) = x^2y^3z$. Ist $P = (1, -1, 2), Q = (-3, 2, 5)$, dann gilt für jede stückweise glatte Kurve von P nach Q, dass

$$\int_K g dx = f(Q) - f(P) = 9 \cdot 8 \cdot 5 - (-2) = 362.$$

b) Sei g das Vektorfeld aus dem Beispiel von 1.3.1. Dann verifiziert man dass g ein Gradientenfeld ist mit Potentialfunktion

$$f(x, y) = y\sqrt{x^2 + y^2}.$$

Mit Satz 1.3.2 ergibt sich nun für das Kurvenintegral von g längs der Kurve K – K wie im Beispiel vor 1.3.1 –

$$\int_K g dx = f(\frac{-\sqrt{2}}{2}, \frac{-\sqrt{2}}{2}) - f(\frac{\sqrt{2}}{2}, \frac{\sqrt{2}}{2} = -\frac{\sqrt{2}}{2} - \frac{\sqrt{2}}{2} = -\sqrt{2}.$$

Folgerung 1.3.3: Seien D und g wie in Satz 1.3.2 gegeben. Falls g eine Potentialfunktion besitzt, dann ist das Kurvenintegral längs jeder geschlossenen glatten Kurve in D bzw. längs jeder geschlossenen Kurve, die aus endlich vielen glatten Kurvenstücken besteht, die alle in D liegen, gleich Null.
Gibt es in D eine geschlossene Kurve K , die aus endlich vielen glatten Kurvenstücken besteht, so dass

$$\oint_K g dx \neq 0,$$

dann besitzt g keine Potentialfunktion in D.

Beispiel: Sei $g(x, y) = \begin{pmatrix} \frac{-y}{x^2+y^2} \\ \frac{x}{x^2+y^2} \end{pmatrix}$. g ist definiert in $\mathbb{R}^2 \setminus \{0\}$. Der Definitionsbereich ist also nicht einfach zusammenhängend. Man beachte dass $\arctan(\frac{y}{x})$ für $x \neq 0$ eine Potentialfunktion von g ist bzw. für $y \neq 0$ ist $-\arctan(\frac{x}{y})$ eine Potentialfunktion von g. Somit ist für jede geschlossene glatte Kurve K, die die x - Achse oder die y - Achse meidet

$$\int_K g \; dx = 0.$$

Ferner gilt:

$$\frac{d}{dy}\left(\frac{-y}{x^2+y^2}\right) = \frac{y^2-x^2}{(x^2+y^2)^2}$$

und

$$\frac{d}{dx}\left(\frac{x}{x^2+y^2}\right) = \frac{y^2-x^2}{(x^2+y^2)^2}.$$

Daher existiert in jedem einfach zusammenhängenden Gebiet, welches nicht den Ursprung enthält, eine Potentialfunktion von g.
Ist jedoch K der Einheitskreis mit der Parametrisierung

$$C(t) = (\cos t, \sin t), \quad 0 \leq t \leq 2\pi,$$

dann ist

$$g(C(t) \cdot C'(t)) = (-\sin t, \cos t) \cdot (-\sin t, \cos t) = \sin^2 t + \cos^2 t = 1.$$

Daher

$$\int_0^{2\pi} g(C(t)) \cdot C'(t) \; dt = \int_0^{2\pi} 1 \; dt = 2\pi \neq 0.$$

Es gibt also für das Vektorfeld in $\mathbb{R}^2 \setminus \{0\}$ keine Potentialfunktion. Das Beispiel zeigt auch, dass man in Satz 1.1.1 die Voraussetzung einfach zusammenhängend nicht weglassen kann.

Bemerkung. Ist $g : D \longrightarrow \mathbb{R}^n$ ein Gradientenfeld, dann kann man folgendermaßen ein Potential mit Hilfe von Kurvenintegralen bestimmen.
Sei $q_0 \in Dc$ fest gewählt. Für jedes $q \in D$ sei K_q eine stückweise regulär parametrisierte Kurve, die in D von q_0 nach q verläuft, dann ist $f : D \longrightarrow \mathbb{R}, q \mapsto \int_{K_q} g(x)dx$ eine Potentialfunktion von g, vgl. [KimmerleStroppel Analysis §5.3].

1.4 Ein Abschnitt aus der Physik

Sei $F : \mathbb{R}^3 \longrightarrow \mathbb{R}^3$ ein konservatives Kraftfeld, dann ist $F = -\text{grad}\psi$ und ψ ist eine Funktion, die jedem Punkt seine Lageenergie zuordnet. Das Vorzeichen beim Gradienten ist so gewählt, dass der Gradient in Richtung des stärksten Potentialabfalls zeigt (dies ist möglich, wenn man die Potentialfunktion f durch $-f = \psi$ ersetzt).
Bewegt sich ein Massepartikel der Masse m auf glatter Kurve $C(t)$ durch den Raum $\mathbb{R}^3$, dann stellt $C'(t)$ die Geschwindigkeit und $C''(t)$ die Beschleunigung des Partikels im Punkt $C(t)$ dar.
Nach Newton gilt: Kraft = Masse · Beschleunigung. Also

$$F(C(t) = m \cdot C''(t).$$

Für die kinetische Energie ergibt sich:

$$\frac{1}{2}m(C'(t) \cdot C'(t)).$$

Man beachte, dass das Skalarprodukt gerade das Quadrat des Betrags der Geschwindigkeit darstellt.

1.4.1 Energieerhaltungssatz: Die Summe aus Lageenergie und kinetischer Energie ist konstant.

Beweis: Es genügt zu zeigen, dass

$$h(t) := \frac{d}{dt}\left(\psi(C(t)) + \frac{1}{2}mC'(t) \cdot C'(t)\right) = 0$$

ist.
Nach der Kettenregel gilt:

$$\frac{d}{dt}\psi(C(t)) = \text{grad}\psi(\text{C(t)}) \cdot \text{C}'(\text{t}).$$

Ferner rechnet man leicht nach, dass

$$\frac{d}{dt}C'(t) \cdot C'(t) = 2C''(t) \cdot C'(t)$$

ist.
Somit ist

$$h(t) = \text{grad}\psi(\text{C(t)}) \cdot \text{C}'(\text{t}) + \frac{1}{\not 2}\underbrace{m\ \not 2C''(t)}_{\text{F(C(t))}} \cdot \text{C}'(\text{t}) =$$

$$= \underbrace{(\text{grad}\psi(\text{C(t)})}_{-F(C(t))} + F(C(t)))\cdot C'(t) = 0\cdot C'(t) = 0.$$

□

1.5 Kurvenintegrale skalarer Funktionen

Sei $D = D^o \subseteq \mathbb{R}^n$, sei K eine Kurve mit stetig differenzierbarer Parametrisierung

$$C : [a, b] \longrightarrow D$$

und sei f eine reellwertige Funktion definiert auf der Kurve, also auf dem Bild von $[a, b]$ unter C, so dass die Komposition

$$[a, b] \longrightarrow \mathbb{R} \quad t \mapsto f(C(t))$$

stetig ist. Dann nennt man

$$\int_K f ds := \int_a^b f(C(t))\cdot|C'(t)|dt$$

das Kurvenintegral von f längs K.

Physikalisch kann man die Funktion f interpretieren als eine Funktion, die jedem Punkt der Kurve eine Masse (oder eine Ladung oder eine andere skalare physikalische Größe) zuordnet. Das Kurvenintegral ergibt dann die Masse der Kurve (also die Masse eines gekrümmten Stabes oder einer Kette, die durch die Kurve idealisiert - von der Dicke werde abgesehen - dargestellt werden).
Der folgende spezielle Fall des Kurvenintegrals der Funktion $f = 1$ ist bereits aus der Analysis bekannt.

1.5.1: Die Länge $L(K)$ einer Kurve K im R^2 bzw. R^3 mit regulärer Parametrisierung C ist gegeben durch

$$\int_a^b |C'(t)|dt.$$

1.5.2 Rechenregeln: Seien f, g stetige Funktionen und K stetig differenzierbare Kurve. Ferner sei $c \in \mathbb{R}$.

a)

$$\int_K cf ds = c \int_K f ds.$$

b)

$$\int_K (f + g) ds = \int_K f ds + \int_K g ds.$$

Kurvenintegrale verhalten sich also linear.

1.5.3 Mittelwertsatz: Es gibt ein $x_0 \in K$ mit

$$\int_K f ds = f(x_0) \cdot L(K).$$

Beweis:

$$\int_K f ds = \int_K \underbrace{f(C(t))}_{f_1} \underbrace{|C'(t)|}_{g_1} dt.$$

Dann gilt nach dem erweiterten Mittelwertsatz für Funktionen einer reellen Veränderlichen, vgl. [Analysis, Kimmerle/Stroppel, 3.6.4]),

$$\int_a^b f_1 g_1 dx = f(\xi) \int_a^b g_1(x) dx,$$

da $g_1 \geq 0$. Also folgt

$$\int_K f ds = f(\underbrace{C(t_0)}_{=x_0}) \int_a^b |C'(t)| dt.$$

□

Satz 1.5.4: Seien $C_1 : [a, b] \longrightarrow \mathbb{R}^n, C_2 : [c, d] \longrightarrow \mathbb{R}^n$ stetig differenzierbare Parametrisierungen einer Kurve K mit $C_1(a) = C_2(c), C_1(b) = C_2(d)$. Wird die Kurve genau gleich oft in der gleichen Richtung durchlaufen, dann ist

$$\int_a^b f(C_1(t))|C_1'(t)| dt = \int_c^d f(C_2(t))|C_2'(t)| dt.$$

Bemerkungen:

- Kurvenintegrale skalarer Funktionen dienen auch zur Schwerpunktsberechnung, sowohl des geometrischen Schwerpunkts einer Kurve als auch des Masseschwerpunkts bei Massebelegung , siehe auch Abschnitt 2.8.
- Das bestimmte Integral einer reellwertigen Funktion einer Veränderlichen läßt sich als Spezialfall obigen Kurvenintegralbegriffs darstellen.
- Das Symbol ds nennt man (skalares) Bogenelement.
- Ist K eine glatte Kurve mit regulärer Parameterdarstellung $C : [a, b] \longrightarrow D \subseteq \mathbb{R}^n$. Dann ist der normierte Tangentenvektor $\frac{C'(t)}{|C'(t)|}$ bis auf das Vorzeichen unabhängig von der regulären Parametrisierung. Das Skalarprodukt

  $$f(C(t)) = g(C(t)) \cdot \frac{C'(t)}{|C'(t)|},$$

  hierbei sei g ein stetiges Vektorfeld, ist eine skalare Funktion (die sogenannte skalare Tangentialkomponente des Feldes). Es gilt dann

  $$\int_K f ds = \int g(C(t)) \cdot \frac{C'(t)}{|C'(t)|} \cdot |C'(t)| dt = \int g(C(t)) \cdot C'(t) dt.$$

  Somit stimmt das Kurvenintegral von f längs K mit dem Kurvenintegral von g längs K überein.

Kapitel 2

Integralrechnung in mehreren Veränderlichen

2.1 Parameterintegrale

Als Umkehroperation zur partiellen Ableitung einer differenzierbaren Funktion mehrerer Veränderlicher kann man solche Funktionen sukzessive nach einer Veränderlichen integrieren. Man betrachtet dann bis auf eine Variable x_i alle anderen Variablen $x_j, j \neq i$ als festen Parameter und betrachtet

$$\int f(x_1, \ldots, x_n) dx_i$$

bzw.

$$\int_a^b f(x_1, \ldots, x_n) dx_i,$$

wobei die Grenzen auch durchaus variabel sein können. Statt $x_1, \ldots, x_n$ oder x, y, z verwendet man in solchen Integralen häufig auch t als Parameter.
Viele Funktionen der Analysis sind in Form solcher Parameterintegrale definiert:

Beispiele:

a) Die Besselfunktionen[1]

$$J_n(x) := \frac{1}{\pi} \int_0^\pi \cos(x \sin t - nt) dt, \ n \in \mathbb{Z}.$$

b) Die Laplace - Transformierte einer gegebenen Funktion $f(t)$

$$F(x) = \int_0^\infty f(t) e^{-xt} dt.$$

[1]Abschnitt 2.1. folgt verkürzend der Darlegung von Parameterintegralen in [Meyberg/Vachenauer Höhere Mathematik §8.1]. Dort findet sich insbesondere eine ausführlichere Diskussion der Besselfunktionen.

Satz 2.1.1 : Sei $R = [a,b] \times [c,d] = \{(x,y); a \leq x \leq b, c \leq y \leq d\}$ ein abgeschlossenes Rechteck im $\mathbb{R}^2$ und sei $f : R \longrightarrow \mathbb{R}$ stetig. Dann ist

(i) $F(x) = \int_c^d f(x,y)dy, \quad \text{für } x \in [a,b] \text{ stetig.}$

(ii) Ist f auf $[a,b]$ stetig partiell nach x differenzierbar, dann ist $F(x)$ differenzierbar und es gilt:

$$F'(x) = \frac{d}{dx}\int_c^d f(x,y)dy = \int_c^d f_x(x,y)dy.$$

Man darf also Integration und Differentiation vertauschen.

(iii) (Satz von Fubini)

$$\int_a^b \left(\int_c^d f(x,y)dy\right) dx = \int_c^d \left(\int_a^b f(x,y)dx\right) dy.$$

Man kann also die Reihenfolge von x und y bei iterierten Parameterintegralen vertauschen.

Beweis: (i) f ist gleichmäßig stetig, da R abgeschlossen und beschränkt ist, vgl.[Analysis, Kimmerle/Stroppel, 4.2.19]. Daher

$$\forall_{\varepsilon>0}\exists_{\delta>0}\forall_{y\in[c,d]} \quad |x-x_0| \leq \delta \Longrightarrow |f(x,y)-f(x_0,y)| < \varepsilon.$$

Hieraus folgt für alle x mit $|x-x_0| < \delta$

$$|F(x)-F(x_0)| \leq \int_c^d |f(x,y)-f(x_0,y)|dy \leq (d-c)\cdot\varepsilon.$$

Also ist F stetig.
(ii) f_x ist stetig. Mit dem Mittelwertsatz folgt

$$\frac{1}{h}(F(x+h)-F(x)) = \int_c^d \frac{f(x+h,y)-f(x,y)}{h}dy = \int_c^d f_x(\xi,y)dy$$

für $\xi \in [x, x+h]$.
Da f_x stetig, läßt sich (i) anwenden und für h gegen Null ergibt sich, dass F differenzierbar ist und dass und

$$F'(x) = \int_c^d f_x(x,y)dy.$$

Andererseits ist per definitionem

$$F'(x) = \frac{d}{dx}\int_c^d f(x,y)dy.$$

(iii) Setze $h(x,y) = \int_a^x f(t,y)dt$. Dann ist h stetig nach x partiell differenzierbar, denn nach dem Hauptsatz der Differential- und Integralrechnung ist

$$\frac{d}{dx}h(x,y) = f(x,y).$$

Somit läßt sich (ii) anwenden und es gilt für

$$H(x) = \int_c^d h(x,y)dy = \int_c^d \int_a^x f(t,y)dt,$$

dass

$$H'(x) = \int_c^d \frac{d}{dx}h(x,y)dy = \int_c^d f(x,y)dy.$$

Daher

$$\int_a^b H'(x)dx = \int_a^b \int_c^d \frac{d}{dx}h(x,y)dy = \int_a^b \int_c^d f(x,y)dy = H(b) - H(a).$$

Aber $H(a) = 0$ und somit

$$\int_a^b \int_c^d f(x,y)dy = H(b) = \int_c^d \int_a^b f(t,y)dt = \int_c^d \int_a^b f(x,y)dx.$$

□

Uneigentliche Parameterintegrale erfordern subtilere Konvergenzbetrachtungen. In der Regel wird gleichmäßige Konvergenz in die Voraussetzungen einbezogen werden. Für viele Anwendungen reicht folgende Formulierung.

Satz 2.1.2: Sei R das einseitig offene Rechteck $\{(x,y); a \le x \le b, c \le y < d\}$. Hierbei ist $d = \infty$ zugelassen. f sei auf R stetig und nach x stetig partiell differenzierbar. Vorausgesetzt werde ferner, dass es Funktionen $g, h : [c,d) \longrightarrow \mathbb{R}$ gibt, die die beiden folgenden Eigenschaften erfüllen.

(i) $|f(x,y)| \le g(y)$ und $|f_x(x,y)| \le h(y)$ für alle $(x,y) \in R$.

(ii) Die uneigentlichen Integrale $\int_c^d g(y)\, dy$, $\int_c^d h(y)\, dy$ existieren.

Dann konvergiert für jedes $x \in [a,b]$ das uneigentliche Parameterintegral

$$F(x) := \int_c^d f(x,y)\, dy$$

und es gilt

$$F'(x) = \int_c^d f_x(x,y)\, dy.$$

Satz 2.1.2 gilt entsprechend, wenn das Integral bei d eigentlich, jedoch bei c – $c = -\infty$ sei zugelassen – uneigentlich ist.

Beispiel: Die Gammafunktion

$$\Gamma(x) := \int_0^\infty e^{-t} t^{x-1}\, dt \quad (x > 0)$$

besitzt nach Satz 2.1.2 die Ableitung

$$\Gamma'(x) = \int_0^\infty e^{-t} t^{x-1} \ln t\, dt.$$

(In diesem Beispiel spielt die Variable t die Rolle die y in Satz 2.1.2 spielt.)
Sei $0 < a \leq x \leq b$. Aus

$$\lim_{t \longrightarrow \infty} \frac{t^2 \cdot t^{x-1}}{e^t} = 0$$

bzw.

$$\lim_{t \longrightarrow \infty} \frac{t^2 \cdot t^{x-1} \cdot \ln t}{e^t} = 0$$

sieht man, dass es ein $k_1 > 0$ gibt mit

$$e^{-t} t^{b-1} < \frac{1}{t^2} \qquad \forall t \geq k_1$$

und ein $k_2 > 0$ mit

$$e^{-t} t^{b-1} \ln t < \frac{1}{t^2} \qquad \forall t \geq k_2$$

Setze $k = \max\{k_1, k_2\}$ und $R = \{(x, y); a \leq x \leq b, k \leq y < \infty\}$. Dann sind mit $g(t) = h(t) = \frac{1}{t^2}$ für dieses Rechteck die Voraussetzungen von Satz 2.1.2 erfüllt und es folgt, dass das Integral $\int_k^\infty e^{-t} t^{x-1}\, dt$ existiert und in diesen Grenzen die behauptete Ableitung besitzt. Somit existiert

$$\int_c^\infty e^{-t} t^{x-1}\, dt$$

für jedes $c > 0$.
Man beachte, dass für $0 < x < 1$ an der Stelle 0 ein uneigentliches Integral vorliegt. Mit einer ähnlichen Abschätzung zeigt man, dass $\int_0^1 e^{-t} t^{x-1}\, dt$ konvergiert und auch in diesen Grenzen die behauptete Ableitung besitzt.

2.2 Doppelintegrale

Wir betrachten zuerst die Frage, für welche Teilmengen von $\mathbb{R}^2$ ein Flächeninhalt definiert werden kann.
$M \subseteq \mathbb{R}^2$ heißt regulär, wenn

- der Rand ∂M aus endlich vielen glatten Kurvenstücken besteht,
- M^o nicht leer und beschränkt ist und
- M abgeschlossen ist.

$N \subset \mathbb{R}^2$ nennt man Nullmenge , wenn sie nur aus endlich vielen Punkten und/oder aus endlich vielen glatten Kurvenstücken besteht. Der Rand einer regulären Menge ist also beispielsweise eine Nullmenge.
Da eine reguläre Menge M offene Teilmengen enthält und beschränkt ist, kann man in M Quadrate vorgegebener Kantenlänge einbeschreiben, die ganz in M liegen, bzw. andererseits mit solchen Quadraten M überdecken, so dass kein Quadrat außerhalb von M liegt. Den Flächeninhalt dieser Quadrate kann man aufsummieren und durch Verfeinerung der Kantenlänge solcher Quadratapproximationen von M kann man einer regulären Menge letztlich als Flächeninhalt den Grenzwert der Fläche dieser Quadratapproximationen zuweisen und somit einen Flächeninhalt $F(M)$ definieren.
Dieser Grenzwert existiert auch dann, wenn man aus einer regulären Menge eine Nullmenge N herausnimmt. Es gilt $F(M) = F(M \setminus N)$, dies erklärt den Namen der Nullmenge. Man kann also sagen, dass es bei der Flächenbestimmung auf Nullmengen nicht ankommt.
Im folgenden sei $f : M \setminus N \longrightarrow \mathbb{R}$ eine beschränkte und stetige Funktion.
Zerlegt man M in reguläre Teilbereiche $M_1, \ldots, M_n$ von beschränktem Durchmesser (z.B. mittels Parallelen zu den Koordinatenachsen), so kann man die Summe

$$\sum_{i=1}^{n} f(x_i)F(M_i) \text{ für } x_i \in M_i$$

bilden. Unter dem Durchmesser einer regulären Menge M versteht man das Infimum aller Radien von Kreisen, die M enthalten. Mit wachsendem n geht der maximale Durchmesser der Zerlegungen gegen Null und die Summe konvergiert, unabhängig von den gewählten Bereichen und den Punkten $x_i \in M$. Diesen Grenzwert nennt man analog zum 1-dimensionalen Fall das *Riemann - Integral* von f über M oder auch das Doppelintegral oder das Gebietsintegral von f über M. Schreibweise:

$$\iint_M f(x, y)dF.$$

Das Symbol dF nennt man das Flächenelement. Liegt ein zur x - Achse und zur y - Achse paralleles Gitter der Summenbildung zu Grunde, so schreibt man auch

$$\int\int_M f(x, y)dxdy.$$

Für Doppelintegrale gelten folgende Rechenregeln. Diese ergeben sich unmittelbar aus der Definition.

2.2.1 Rechenregeln: Seien $a_1, a_2 \in \mathbb{R}$. Sei M eine bis auf eine Nullmenge reguläre Menge, d.h. M ist regulär oder M ist eine um eine Nullmenge verminderte reguläre Menge. f, g seien stetige Funktionen, die auf M definiert sind.

(i)

$$\iint_M a_1 f + a_2 g \; dF = a_1 \iint_M f dF + a_2 \iint_M g dF.$$

(ii) Falls $\forall_{(x,y) \in M} \quad f(x, y) \leq g(x, y)$, dann ist

$$\iint_M f dF \leq \iint_M g dF.$$

(iii) Sei M die Vereinigung zweier bis auf Nullmengen regulärer Mengen M_1 und M_2, so dass $M_1 \cap M_2$ eine Nullmenge ist, dann ist

$$\iint_{M_1 \cup M_2} f dF = \iint_{M_1} f dF + \iint_{M_2} f dF.$$

Die Berechnung von Doppelintegralen reduziert sich häufig auf die Berechnung zweier ineinander verschachtelter Parameterintegrale. Dies ist insbesondere dann der Fall, wenn M eine der folgenden Gestalten besitzt:

$M \subseteq \mathbb{R}^2$ heißt x - Normalbereich, wenn

$$M = \{(x,y) \in \mathbb{R}^2; a \leq x \leq b, g_1(x) \leq y \leq g_2(x)\}$$

für $g_1, g_2 \in C^1([a,b]), a, b \in \mathbb{R}$.

$M \subseteq \mathbb{R}^2$ heißt y - Normalbereich, wenn

$$M = \{(x,y) \in \mathbb{R}^2; c \leq y \leq d, h_1(y) \leq x \leq h_2(y)\}$$

für $h_1, h_2 \in C^1([c,d]), c, d \in \mathbb{R}$.
Ein x -Normalbereich, wird also durch Parallelen zur y - Achse begrenzt, und x rangiert in einem abgeschlossenen Intervall. Ein y - Normalbereich wird durch Parallelen zur x - Achse begrenzt und y bewegt sich innerhalb eines abgeschlossenen Intervalls.

Satz 2.2.2 Sei $f : M \longrightarrow \mathbb{R}$ stetig .

a) Ist M ein x - Normalbereich, dann ist

$$\iint_M f(x,y) dx dy = \int_a^b \left(\int_{g_1(x)}^{g_2(x)} f(x,y) dy \right) dx.$$

b) Ist M ein y - Normalbereich, dann ist

$$\iint_M f(x,y) dx dy = \int_c^d \left(\int_{h_1(x)}^{h_2(y)} f(x,y) dx \right) dy.$$

Beispiele:

a) Sei $f(x,y) = y \sin x$ und $M = [-1,1] \times [0,1]$, dann ist

$$\iint_M f(x,y) dF = \int_{-1}^1 \int_0^1 y \sin x \; dy dx = \int_{-1}^1 \frac{1}{2} \sin x \; dx = \frac{1}{2} [-\cos x]_{-1}^1 = -\cos 1.$$

b)

$$\int_0^1 \int_x^{x+1} xy \; dy dx = \int_0^1 x(\frac{1}{2}(x^2 + 2x + 1) - \frac{1}{2}x^2) dx = \int_0^1 x^2 + \frac{1}{2}x \; dx = \frac{1}{3} + \frac{1}{4} = \frac{7}{12}.$$

c) Nach dem Satz von Fubini (Satz 2.1.1 (iii)) ist

$$\int_{-1}^{1}\int_{0}^{1} y\sin x \; dydx = \int_{0}^{1}\int_{-1}^{1} y\sin x \; dxdy.$$

Es gilt jedoch

$$\int_{0}^{1}\int_{x}^{x+1} xy \; dydx \neq \int_{x}^{x+1}\int_{0}^{1} xy \; dxdy,$$

denn würde man die rechte Seite formal auswerten, so würde sich letztlich als Ergebnis eine Funktion von x ergeben, da man nach der letzten Integration als Grenzen x und $x+1$ einsetzen würde. Die linke Seite ist jedoch eine Zahl. Man darf also bei variablen Grenzen die Integrationsreihenfolge nicht einfach formal vertauschen. Man muss den x - Normalbereich in y - Normalbereiche zerlegen, siehe unten das Beispiel zur Flächenberechnung.

Interpretationen von Doppelintegralen:

a) Ist $f = 1$, dann ist

$$F(M) = \iint_M dF.$$

b) Interpretiert man f als eine Massefunktion, die jedem Punkt ihres Definitionsbereich eine Masse zuordnet, dann stellt $\iint_M f(x,y)dF$ die Masse von M dar.

c) Analog zur Flächeninterpretation von 1- dimensionalen Integralen stellt

$$\iint_M f(x,y)dF$$

das Volumen (bzw. genauer den Volumenüberschuss) zwischen M und dem Graph von f dar.

d) Ist m die Masse von M, dann ist der Massenschwerpunkt $S = (x_{SP}, y_{SP})$ gegeben durch

$$x_{SP} = \frac{1}{m}\iint_M xf \; dF \qquad y_{SP} = \frac{1}{m}\iint_M yf \; dF.$$

e) Bezeichnet $F = F(M)$ den Flächeninhalt, dann ist der geometrische Schwerpunkt $S = (x_{SP}, y_{SP})$ gegeben durch

$$x_{SP} = \frac{1}{F}\iint_M x \; dF \qquad y_{SP} = \frac{1}{F}\iint_M y \; dF.$$

Auch für Doppelintegrale gilt ein Mittelwertsatz.

Satz 2.2.3(Mittelwertsatz) Ist M zusammenhängend und abgeschlossen, dann gibt es zu jeder stetigen Funktion $f : D \longrightarrow \mathbb{R}$ ein $x_0 = (x_{01}, y_{01}) \in M$ mit

$$\iint_M f dF = f(x_{01}, y_{01}) \cdot F(M).$$

Beispiel: Die Fläche F, die von den Graphen der Gerade $y = x + 1$ und der Parabel $y = x^2$ sowie der y - Achse und der Parallelen zur y-Achse durch (1,0) eingeschlossen wird, ist gegeben durch

$$F = \int_0^1 \int_{x^2}^{x+1} dy dx = \int_0^1 x + 1 - x^2 dx = \frac{7}{6}.$$

Man kann die zu berechnende Fläche auch als Vereinigung zweier y - Normalbereiche darstellen.
Es ist

$$F = \int_0^1 \int_0^{\sqrt{y}} 1 \; dxdy + \int_1^2 \int_{x=y-1}^{1} 1 \; dxdy =$$

→ wie ist die Formung gemacht?

$$= \int_0^1 \sqrt{y} \; dy + \int_1^2 1 - y + 1 \; dy = [\frac{2}{3} y^{\frac{3}{2}}]_0^1 + [-\frac{1}{2} y^2 + 2y]_1^2 = \frac{2}{3} + \frac{1}{2} = \frac{7}{6}.$$

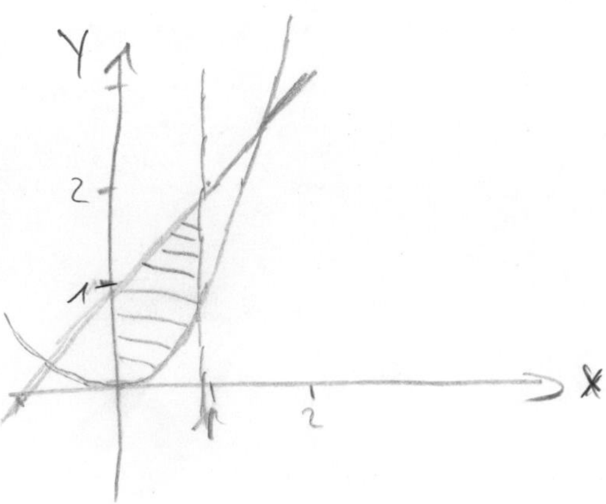

2.3 Integralsätze im $\mathbb{R}^2$

Satz 2.3.1:(Satz von Green) Sei $M \subset \mathbb{R}^2$ regulär. Der Rand $K = \partial M$ bestehe aus stückweise glatten geschlossenen Kurvenstücken $K_1, \ldots, K_m$ mit regulärer Parametrisierung $C_1, \ldots, C_m$ und sei positiv parametrisiert, d.h. M liegt links zur Durchlaufrichtung. Dann gilt für ein stetig differenzierbares Vektorfeld $g : D \longrightarrow \mathbb{R}^2, g = \begin{pmatrix} g_1(x.y) \\ g_2(x,y) \end{pmatrix}$ mit $M \subseteq D$

$$\int_K g dx = \iint_M \underbrace{\left(\frac{\partial g_2}{\partial x} - \frac{\partial g_1}{\partial y} \right)}_{=\text{rotg}} dx\ dy.$$

Der Satz von Green drückt ein Doppelintegral als ein Kurvenintegral aus. Er läßt sich in beiden Richtungen anwenden, zur Berechnung von Kurvenintegralen und zur Berechnung von Doppelintegralen.

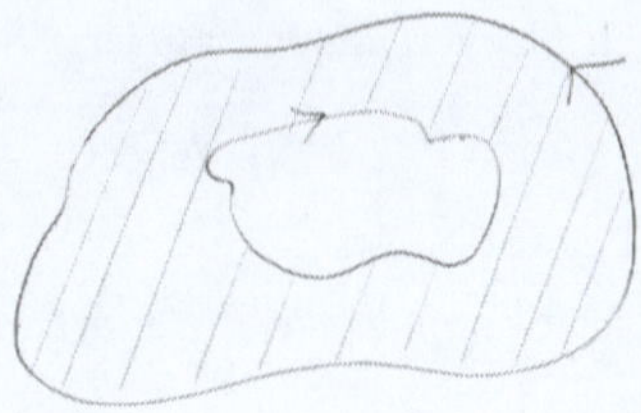

Beispiele:

a) Wir verifizieren den Satz von Green für das Vektorfeld $g = \begin{pmatrix} -y \\ x \end{pmatrix}$ und den gegen den Uhrzeiger orientierten Einheitskreis K mit der Parametrisierung $\begin{pmatrix} \cos t \\ \sin t \end{pmatrix}$.

Es ist einerseits

$$\oint_K g\ dx = \int_0^{2\pi} g(C(t)) \cdot C'(t)\ dt = \int_0^{2\pi} \sin^2 t + \cos^2 t\ dt = 2\pi.$$

Andererseits ist $\text{rotg} = \text{g}_{2\text{x}} - \text{g}_{1\text{y}} = 1 + 1 = 2$. Also erhält man für das Doppelintegral

$$\iint_M 2\ dxdy = 2 \underbrace{\iint_M 1\ dxdy}_{\textit{Fläche des Einheitskreises}} = 2\pi.$$

b) Man berechne für

$$g(x,y) = \begin{pmatrix} y + 3x \\ 2y - x \end{pmatrix}$$

längs der positiv orientierten Ellipse E mit der Gleichung

$$4x^2 + y^2 = 4$$

das Umlaufintegral. Nach dem Satz von Green gilt mit rotg $= -1 - 1 = -2$

$$\oint_E g dx = \int\int_A -2dF = (-2)F(E) = -4\pi.$$

Hierbei wurde verwendet, dass $\pi \cdot a \cdot b$ die Fläche einer Ellipse der Form

$$\frac{x^2}{a^2} + \frac{y^2}{b^2} = 1$$

ist.

Beweis des Satzes von Green: Sei $g = \begin{pmatrix} g_1(x,y) \\ g_2(x,y) \end{pmatrix}$ und $\tilde{g} = \begin{pmatrix} g_1(x,y) \\ 0 \end{pmatrix}$.

Angenommen M besitze die Gestalt

$$M = \{(x,y); a \leq x \leq b, f_1(x) \leq y \leq f_2(x)\},$$

sei also ein x - Normalbereich.

Zerlege den Rand von M in vier glatte Kurven L_1, L_2, L_3 und L_4 mit den Parametrisierungen

$$\begin{array}{rcccc} C_1 & : & x & \mapsto & (x, f_1(x)) \\ C_3^* & : & x & \mapsto & (x, f_2(x)) \\ C_2 & : & y & \mapsto & (b, y) \\ C_4^* & : & y & \mapsto & (a, y) \end{array}$$

Hierbei sind C_i^* Parametrisierungen der entgegengesetzt durchlaufenen Kurve. Dann gilt:

$$\int_{\partial M} \tilde{g}\, dx = \int_a^b (g_1(C_1(x)), 0) \cdot \begin{pmatrix} 1 \\ f_1'(x) \end{pmatrix} dx + \underbrace{\int_{f_1(b)}^{f_2(b)} (g_1(C_2(y)), 0) \cdot \begin{pmatrix} 0 \\ 1 \end{pmatrix} dy}_{=0}$$

$$- \int_a^b (g_1(C_3(x)), 0) \cdot \begin{pmatrix} 1 \\ f_2'(x) \end{pmatrix} dx - \underbrace{\int_{f_1(a)}^{f_2(a)} (g_1(C_4(y)), 0) \cdot \begin{pmatrix} 0 \\ 1 \end{pmatrix} dy}_{=0}$$

$$= \int_a^b g_1(x, f_1(x))\, dx - \int_a^b g_1(x, f_2(x))\, dx$$

$$= - \int_a^b g_1(x, f_2(x)) - g_1(x, f_1(x))\, dx = - \int_a^b \int_{f_1(x)}^{f_2(x)} \frac{\partial g_1}{\partial y}(x,y)\, dydx.$$

Also ist insgesamt

$$\int_{\partial M} \tilde{g}\ dx = \iint_M \text{rot } \tilde{\text{g}} \text{ dF}.$$

Analog folgt

$$\int_{\partial B} \hat{g}\ dx = \iint_B \text{rot } \hat{\text{g}}\text{dF}$$

mit $\hat{g} = \begin{pmatrix} 0 \\ g_2(x, y) \end{pmatrix}$ und einem y - Normalbereich B.

Es ist $g = \hat{g} + \tilde{g}$ und $\text{rot}\tilde{\text{g}} + \text{rot}\hat{\text{g}} = \text{rot}\text{g}$. Somit folgt der Satz von Green im Spezialfall, wenn M gleichzeitig ein x -Normalbereich und ein y - Normalbereich ist.

Jeder x -Normalbereich ist Vereinigung von y - Normalbereichen und umgekehrt. Diese Vereinigung kann so gewählt werden, dass die Schnitte der Vereinigungsmengen Nullmengen sind, also nichts zur Integration beitragen. Hieraus folgt der Satz im Fall, wenn M ein x - Normalbereich oder ein y - Normalbereich ist.

Schließlich läßt sich jede reguläre Menge als Vereinigung von x - Normalbereichen und von y - Normalbereichen darstellen. Dies komplettiert den Beweis. □

Satz 2.3.2: (Divergenzsatz im $\mathbb{R}^2$.) Sei $M \subset \mathbb{R}^2$ regulär mit geschlossener stückweise glatter Randkurve $K = \partial M$ und positiv orientierter Parametrisierung $C(t) = \begin{pmatrix} C_1(t) \\ C_2(t) \end{pmatrix}$. Ferner sei $g : D \longrightarrow \mathbb{R}^2$ ein stetig differenzierbares Vektorfeld. Dann gilt:

$$\int_K g(C(t)) \cdot N(t)\ dt = \iint_M \text{divg dF}.$$

Hierbei stellt die linke Seite den Fluss von g durch $K = \partial M$ dar und es ist $N(t) = \begin{pmatrix} C_2'(t) \\ -C_1'(t) \end{pmatrix}$. Man beachte, $N(t)$ ist ein nach außen weisender Normalenvektor von K.

Beweis: Sei $g = \begin{pmatrix} g_1 \\ g_2 \end{pmatrix}$. Setze

$$\tilde{g} = \begin{pmatrix} -g_2 \\ g_1 \end{pmatrix}.$$

Dann ist

$$\text{rot } \tilde{\text{g}} = \frac{\text{d}}{\text{dx}}\text{g}_1 - (-\frac{\text{d}}{\text{dy}}\text{g}_2) = \text{div g}.$$

Man errechnet direkt, dass

$$\tilde{g}(C(t)) \cdot C'(t) = g(C(t)) \cdot N(t).$$

Nach dem Satz von Green gilt

$$\int \tilde{g}(C(t)) \cdot C'(t)dt = \iint_M \text{rot } \tilde{g} \text{ dF}.$$

Dies komplettiert den Beweis. □

2.4 Dreifachintegrale und Transformationen

Analog zum 1 - bzw. 2- dimensionalen Fall kann man durch Approximation mit Würfeln bzw. Quadern für eine beschränkte Menge M im $\mathbb{R}^3$ ein Volumen $V(M)$ definieren.
Eine beschränkte Menge $M \subset \mathbb{R}^3$ nennt man *regulär*, wenn

- $M^o \neq \emptyset$,
- M abgeschlossen und
- ∂M aus endlich vielen stückweise regulären Flächen besteht.

Den Begriff einer regulären Fläche werden wir im nächsten Abschnitt präzisieren. Für den Augenblick soll die anschauliche Definition, dass reguläre Flächen glatt sind und unter einer stetig differenzierbaren Abbildung aus einem Rechteck entstehen, genügen. Insbesondere sind Graphen stetig differenzierbarer Funktionen $f : \mathbb{R}^2 \longrightarrow \mathbb{R}$ regulär und insbesondere sind die Seitenflächen von Quadern Beispiele von regulären Flächen.
Ist M regulär, dann läßt sich im obigen Sinn sinnvoll ein Volumen $V(M)$ definieren.
Sei $f : M \longrightarrow \mathbb{R}$ stetig, M regulär und $M = \cup_{i=1}^m M_i$ eine Zerlegung in reguläre Teilmengen (z.B. gegeben durch achsenparallele Geraden). Wählt man in jedem M_i einen Punkt (x_i, y_i, z_i) so kann man die Summe

$$\sum_{i=1}^{m} f(x_i, y_i, z_i) \cdot V(M_i)$$

bilden. Unter Verfeinerung einer solchen Zerlegung (der maximale Durchmesser eines M_i strebe gegen Null) konvergiert diese Summe. Den Grenzwert nennt man das *Dreifachintegral* (oder auch das Riemann - Integral) von f über M,

$$\text{Schreibweise:} \iiint\limits_M f \, dV.$$

Das Symbol dV nennt man Volumenelement.
Satz 2.4.1: Sei $M = \{(x, y, z); a \leq x \leq b, f_1(x) \leq y \leq f_2(x), g_1(x, y) \leq z \leq g_2(x, y)\}$ mit stetig differenzierbaren Funktionen f_i, g_j. Ferner sei $f : M \longrightarrow \mathbb{R}$ stetig. Dann ist

$$\iiint\limits_M f dV = \int_a^b \int_{f_1(x)}^{f_2(x)} \int_{g_1(x,y)}^{g_2(x,y)} f(x, y, z) dz dy dx.$$

Analog kann man 3-fach Integrale über Bereiche, die wie M in obigem Satz, aber mit anderer Reihenfolge der Variablen gegeben sind, durch iterierte Parameterintegrale ausdrücken und berechnen. Einen Bereich M wie im Satz kann man wie im 2 - dimensionalen Fall einen Normalbereich nennen. Unter Vertauschung der Reihenfolge der Variablen kann man dann im 3 - dimensionalen Fall sechs verschiedene Typen von Normalbereichen betrachten. Wir werden diesen im Gegensatz zum $\mathbb{R}^2$ - dort gab es zwei verschiedene Normalbereiche, einen x – Bereich und einen y - Bereich – keine besonderen Namen geben. Entsprechend wie im 2 - dimensionalen Fall kann man aus einer regulären Menge im $\mathbb{R}^3$ eine Nullmenge ausnehmen, ohne dass sich an obigen Grenzwertbetrachtungen, die zum Begriff des Dreifachintegrals führen, etwas ändert. Teilmengen von $\mathbb{R}^3$, die sich aus endlich vielen Punkten, endlich vielen glatten Kurven oder endlich vielen regulären Flächen zusammensetzen , sind Nullmengen. Insbesondere ist wieder der Rand einer regulären Menge eine Nullmenge.

Bemerkungen: Analog zu $n = 2$ gelten folgende **Interpretationen von Dreifachintegralen:**

a) $\iiint\limits_M 1 \, dV = V(M)$.

b) Stellt die Funktion eine Massendichte auf M dar, dann ist $\iiint\limits_M f \, dV$ die Masse von M.

c) Ist m die Masse von M, dann ist durch

$$x_S = \frac{1}{m} \iiint\limits_M x f dV$$

$$y_S = \frac{1}{m} \iiint\limits_M y f dV$$

$$z_S = \frac{1}{m} \iiint\limits_M z f dV$$

der *Massenschwerpunkt* von M durch $S = (x_s, y_S, z_S)$ gegeben.

Mit $f = 1$ und somit mit dem Volumen $V(M)$ statt mit der Masse m erhält man mit den obigen Formeln die Koordinaten des *geometrischen Schwerpunkts* von M.

Seien D und B reguläre Teilmengen von $\mathbb{R}^n$, $n = 2$ oder 3. Eine surjektive Abbildung $\psi : D \longrightarrow B$ heißt *(Koordinaten) - Transformation*, wenn gilt:

(i) ψ ist injektiv.

(ii) Ist

$$\psi(u_1, \ldots, u_n) = \begin{pmatrix} x_1(u_1, \ldots, u_n) \\ \vdots \\ x_n(u_1, \ldots, u_n) \end{pmatrix},$$

so sind die Koordinatenfunktionen x_i stetig differenzierbar.

(iii) Ist

$$\psi_{u_j}(u_1, \ldots, u_n) = \begin{pmatrix} \frac{\partial}{\partial u_j} x_1 \\ \vdots \\ \frac{\partial}{\partial u_j} x_n \end{pmatrix},$$

dann sind die Vektoren $\psi_{u_1}(u_1, \ldots, u_n), \ldots, \psi_{u_n}(u_1, \ldots, u_n)$ für alle $(u_1, \ldots u_n) \in D$ linear unabhängig.

Die Determinante

$$\det \psi \;=\; \frac{\partial(x_1, \ldots, x_n)}{\partial(u_1, \ldots, u_n)} := \det \begin{pmatrix} \frac{\partial}{\partial u_1} x_1 & \ldots & \frac{\partial}{\partial u_1} x_n \\ \vdots & & \vdots \\ \frac{\partial}{\partial u_n} x_1 & \ldots & \frac{\partial}{\partial u_n} x_n \end{pmatrix}$$

nennt man die *Funktionaldeterminante* (oder auch die Jacobi - Determinante) von ψ. Die zugehörige Matrix heißt *Funktionalmatrix* (oder auch Jacobi - Matrix). Der Betrag der Funktionaldeterminante wird im Folgenden abkürzend mit $|\psi|$ bezeichnet.

Satz 2.4.2: (Transformationsformel) Sei $\psi : D \longrightarrow B$ eine Transformation. Die Bezeichnungen seien wie oben. Dann gilt für jede auf B stetige Funktion $f : B \longrightarrow \mathbb{R}$

a) (für n = 3)

$$\iiint\limits_B f(x_1, x_2, x_3)\; dx_1 dx_2 dx_3 =$$

$$\iiint\limits_D f(x_1(u_1, u_2, u_3), x_2(u_1, u_2, u_3), x_3(u_1, u_2, u_3)) \cdot |\psi|\; du_1 du_2 du_3$$

b) (für n = 2)

$$\iint\limits_B f(x_1, x_2)\; dx_1 dx_2 = \iint\limits_D f(x_1(u_1, u_2), x_2(u_1, u_2)) \cdot |\psi|\; du_1 du_2$$

Die Transformationsformeln sind auch gültig, wenn B bzw. D bis auf drei- bzw zweidimensionale Nullmengen regulär sind.

Wichtige Transformationen:

a) **Polarkoordinaten** im $\mathbb{R}^2$. Sei in $\mathbb{R}^2$ ein kartesisches (x, y) - Koordinatensystem gewählt. Man kann jeden Punkt $P = (x, y)$ von $\mathbb{R}^2 \setminus \{0\}$ auch durch seinen Abstand r zum Ursprung 0 und den Winkel φ zwischen der Geraden $0P$ und der x - Achse festlegen. Die Abbildung

$$\psi : \begin{pmatrix} r \\ \varphi \end{pmatrix} \mapsto \begin{pmatrix} x \\ y \end{pmatrix}$$

mit

$$x = x(r, \varphi) = r \cdot \cos \varphi, \qquad y = y(r, \varphi) = r \cdot \sin \varphi$$

ist für $r \in \mathbb{R}^+$ und $0 \leq \varphi < 2\pi$ eine Transformation. Das Paar (r, φ) nennt man die Polarkoordinaten von $(x, y) \in \mathbb{R}^2 \setminus \{0\}$. Oft ist es zweckmäßig den Parameterbereich für φ abzuändern. Man legt dann ein anderes Intervall der Länge 2π zu Grunde, z.B $-\pi \leq \varphi < \pi$. Dies hat dann den Vorteil, dass sich die positive x - Achse nicht am Rande des Parameterbereichs befindet. Man beachte ferner, dass dem Ursprung 0 streng genommen keine Polarkoordinaten zugeordnet sind. Man könnte ihn durch $r = 0$ und $\varphi =$ beliebig charakterisieren, die Abbildung ψ wäre dann jedoch nicht mehr injektiv. Da jedoch Nullmengen keinen Einfluss auf die Integration besitzen, kann man $r = 0$ bei der Beschreibung von Bereichen, die den Ursprung enthalten, in Polarkoordinaten zulassen.

Für die Funktionaldeterminante errechnet sich

$$\det \begin{pmatrix} x_r & y_r \\ x_\varphi & y_\varphi \end{pmatrix} = \det \begin{pmatrix} \cos \varphi & \sin \varphi \\ r \cdot (-\sin \varphi) & r \cdot \cos \varphi \end{pmatrix}$$

$$= r \cos^2 \varphi + r \sin^2 \varphi = r \cdot 1 = r.$$

b) **Zylinderkoordinaten** im $\mathbb{R}^3$. Dehnt man Polarkoordinaten in den $\mathbb{R}^3$ dadurch aus, dass man als dritte Komponente die z - Koordinate eines kartesischen Koordinatensystems hinzunimmt, so erhält man:

$$\psi : \begin{pmatrix} r \\ \varphi \\ z \end{pmatrix} \mapsto \begin{pmatrix} x \\ y \\ z \end{pmatrix}$$

mit

$$x = x(r, \varphi) = r \cdot \cos \varphi, y = y(r, \varphi) = r \cdot \sin \varphi, z = z.$$

ist für $r \in \mathbb{R}^+$ und $0 \leq \varphi < 2\pi$ eine Transformation. Das Tripel (r, φ, z) nennt man die Zylinderkoordinaten von $(x, y, z) \in \mathbb{R}^3 \setminus \{0\}$. Man beachte, dass auch hierbei dem Ursprung 0 streng genommen keine Zylinderkoordinaten zugeordnet sind. Für die Funktionaldeterminante errechnet sich

$$\det \begin{pmatrix} x_r & y_r & z_r \\ x_\varphi & y_\varphi & z_\varphi \\ x_z & y_z & z_z \end{pmatrix} = \det \begin{pmatrix} \cos \varphi & \sin \varphi & 0 \\ r \cdot (-\sin \varphi) & r \cdot \cos \varphi & 0 \\ 0 & 0 & 1 \end{pmatrix}$$

$$= (r \cos^2 \varphi + r \sin^2 \varphi) \cdot 1 = r.$$

c) **Kugelkoordinaten** im $\mathbb{R}^3$. Gegeben sei ein kartesisches (x, y, z) - Koordinatensystem. Dann kann wie im $\mathbb{R}^2$ jeder Punkt $P = (x, y, z)$ von $\mathbb{R}^2 \setminus \{0\}$ durch seinen Abstand ρ zum Ursprung O und gewissen Winkeln festgelegt werden. Im $\mathbb{R}^3$ verwendet man hierzu den Winkel θ zwischen der Geraden $0P$ und der z - Achse sowie den Winkel φ zwischen der Projektion von OP auf die (x, y) - Ebene und der x - Achse. Die Abbildung

$$\psi : \begin{pmatrix} \rho \\ \theta \\ \varphi \end{pmatrix} \mapsto \begin{pmatrix} x \\ y \\ z \end{pmatrix}$$

mit

$$x = x(\rho, \theta, \varphi) = \rho \cdot \sin\theta \cdot \cos\varphi, \ y = y(\rho, \theta, \varphi) = \rho \cdot \sin\theta \cdot \sin\varphi, \ z = z(\rho, \theta) = \rho \cdot \cos\theta$$

ist für $\rho \in \mathbb{R}^+, 0 \leq \theta \leq \pi$ und $0 \leq \varphi < 2\pi$ eine Transformation. Das Tripel (r, θ, φ) nennt man die Kugelkoordinaten von $(x, y, z) \in \mathbb{R}^3 \setminus \{O\}$. Man beachte, dass dem Ursprung 0 wiederum keine Kugelkoordinaten zugeordnet sind. Für die Funktionaldeterminante errechnet sich:

$$\det \begin{pmatrix} x_\rho & y_\rho & z_\rho \\ x_\theta & y_\theta & z_\theta \\ x_\varphi & y_\varphi & z_\varphi \end{pmatrix} = \det \begin{pmatrix} \sin\theta \cdot \cos\varphi & \sin\theta \cdot \sin\varphi & \cos\theta \\ \rho \cdot \cos\theta \cdot \cos\varphi & \rho \cdot \cos\theta \cdot \sin\varphi & -\rho \cdot \sin\theta \\ -\rho \cdot \sin\theta \cdot \sin\varphi & \rho \cdot \sin\theta \cdot \cos\varphi & 0 \end{pmatrix}$$

$$= \rho^2 \sin^3\theta \cos^2\varphi + \rho^2 \cos^2\theta \sin\theta \sin^2\varphi + \rho^2 \cos^2\theta \cos^2\varphi \sin\theta + \rho^2 \sin^3\theta \sin^2\varphi$$

$$= \rho^2 \sin^3\theta + \rho^2 \cos^2\theta \sin\theta = \rho^2 \sin\theta \ .$$

Beispiele:

a) Gesucht ist das Volumen des Bereichs, der oberhalb des Kegels

$$z^2 = x^2 + y^2$$

und innerhalb der Kugel

$$x^2 + y^2 + z^2 = z$$

liegt.

Die Kugel hat den Mittelpunkt $(0, 0, \frac{1}{2})$. Für den Schnitt von Kegel und Kugel ergibt sich:

$z^2 = x^2 + y^2$ ergibt eingesetzt in die Kugelgleichung: $2z^2 = z$. Daher folgt $z = 0$ oder $z = \frac{1}{2}$ und als Schnitt ergibt sich die Kegelspitze $(0, 0, 0)$ bzw. der Kreis in der Ebene $z = \frac{1}{2}$ mit dem Kugelmittelpunkt als Mittelpunkt und dem Radius $\frac{1}{2}$.

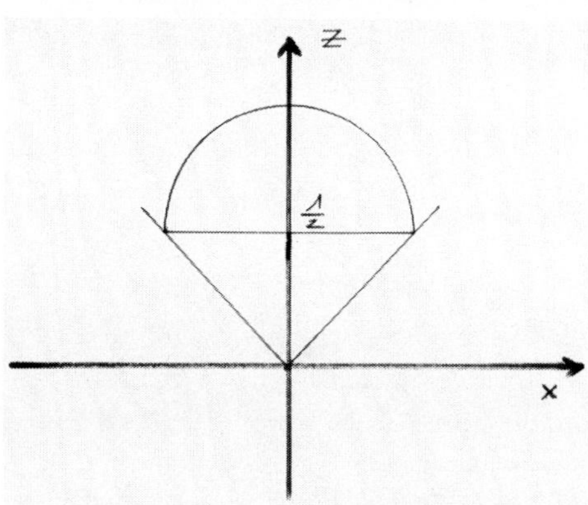

Aus $\rho^2 = x^2 + y^2 + z^2$ und $z = \rho\cos\theta$ folgt $\rho^2 = \rho \cdot \cos\theta$. Für $\rho \neq 0$ ist somit

$$\rho = \cos\theta$$

die Gleichung der Kugel in Kugelkoordinaten.

Für den Kegel errechnet sich:

$$z^2 = \rho^2 - z^2 \quad \longrightarrow \quad 2z^2 = \rho^2 \quad \longrightarrow \quad 2\rho^2\cos^2\theta = \rho^2 \quad \longrightarrow \quad \cos^2\theta = \frac{1}{2}.$$

Wegen $0 \leq \theta \leq \pi$ folgt $\theta = \frac{\pi}{4}$. Der Bereich, von dem das Volumen V zu bestimmen ist, genügt daher folgenden Kugelkoordinaten:

$$0 \leq \theta \leq \frac{\pi}{4},\ 0 \leq \varphi < 2\pi,\ 0 \leq \rho \leq \cos\theta.$$

Somit ist

$$V = \int_0^{2\pi}\int_0^{\frac{\pi}{4}}\int_0^{\cos\theta} 1 \cdot \rho^2 \sin\theta \, d\rho \, d\theta \, d\varphi = \frac{\pi}{8}.$$

Man beachte, dass es bei der Integrationsbildung auf Nullmengen nicht ankommt. Deswegen kann man den Parameterbereich für φ auf 2π ausdehnen ohne dass sich das Integral ändert.

b) Zu berechnen ist die Fläche F, die den Polarkoordinaten

$$0 \leq r \leq \cos\varphi,\ -\frac{\pi}{3} \leq \varphi \leq \frac{\pi}{3}$$

genügt.

$$F = \int_{-\frac{\pi}{3}}^{\frac{\pi}{3}}\int_0^{\cos\varphi} 1 \cdot r \, dr \, d\varphi = \int_{-\frac{\pi}{3}}^{\frac{\pi}{3}} \left[\frac{1}{2}r^2\right]_0^{\cos\varphi} d\varphi = \frac{\pi}{6} + \frac{1}{8}\sqrt{3}.$$

c) Ein Zylinder Z vom Radius 2 um die z - Achse werde begrenzt von den Ebenen $z = 1$ und $z = 4$. Die Massendichte ist durch $f(x,y,z) = x^2$ gegeben. Dann berechnet sich die Masse von Z mit Zylinderkoordinaten als

$$\int_1^4\int_0^{2\pi}\int_0^2 r^2 \cdot cos^2\varphi \cdot r \, dr \, d\varphi \, dz = 12\pi.$$

d) Man bestimme den geometrischen Schwerpunkt S des Viertelkreises V im 1.Quadranten.

Bekanntlich ist $F(V) = \frac{\pi}{4}$. Es gilt in Polarkoordinaten:

$$x_S = \frac{1}{F}\int_0^{\frac{\pi}{2}}\int_0^1 x \cdot r \, dr d\varphi = \frac{1}{F}\int_0^{\frac{\pi}{2}}\int_0^1 r \cdot \cos\varphi \cdot r \, dr d\varphi$$

$$= \frac{1}{F}\int_0^{\frac{\pi}{2}} \cos\varphi \cdot [\frac{1}{3}r^3]_0^1 = \frac{1}{F}[\sin\varphi]_0^{\frac{\pi}{2}} \cdot \frac{1}{3} = \frac{4}{3\pi}.$$

Aus Symmetriegründen – V ist symmetrisch zur 1. Winkelhalbierenden – folgt $y_{SP} = x_{SP}$. Insgesamt ist daher

$$S = (\frac{4}{3\pi}, \frac{4}{3\pi}).$$

2.5 Flächen und Flächeninhalt

Sei $D \subset \mathbb{R}^2$ regulär. Unter einer Fläche S (die Abkürzung S ist durch das englische Wort „surface“motiviert – F soll für Flächeninhalt reserviert bleiben) im $\mathbb{R}^3$ versteht man das Bild einer Abbildung

$$X : D \longrightarrow \mathbb{R}^3$$

$$(u,v) \mapsto \begin{pmatrix} x(u,v) \\ y(u,v) \\ z(u,v) \end{pmatrix},$$

deren Komponentenfunktionen stetig differenzierbar sind. X nennt man eine Parametrisierung von S. Ähnlich wie bei Kurven stellt man an die Komponentenfunktionen noch zusätzliche Anforderungen, um Entartungsfälle zu vermeiden. Eine Parametrisierung X nennt man regulär, wenn

(i) X injektiv ist, und

(ii) $X_u(u,v) = \begin{pmatrix} x_u(u,v) \\ y_u(u,v) \\ z_u(u,v) \end{pmatrix}$ und $X_v(u,v) = \begin{pmatrix} x_v(u,v) \\ y_v(u,v) \\ z_v(u,v) \end{pmatrix}$ linear unabhängig sind.

Bedingung (ii) ist äquivalent dazu, dass

$$\forall (u,v) \in D : \quad X_u(u,v) \times X_v(u,v) \neq 0$$

ist.
Eine Fläche S heißt regulär, wenn sie eine reguläre Parametrisierung besitzt.

Beispiele:

a) Aus Kugelkoordinaten erhält man bei fest gehaltenem Radius eine Parametrisierung der Kugel.

$$\begin{aligned} x(\theta,\varphi) &= \rho \sin\theta \cos\varphi \\ y(\theta,\varphi) &= \rho \sin\theta \sin\varphi \\ z(\theta,\varphi) &= \rho \cos\theta \end{aligned}$$

für $0 \leq \theta \leq \pi, 0 \leq \varphi < 2\pi$. Diese Parametrisierung ist regulär, falls $\theta \neq 0, \pi$.

b) Ein Torus um die z - Achse mit Mittelpunkt O besitzt die Parametrisierung

$$\begin{aligned} x(u,v) &= (a + b\cos u)\cos v \\ y(u,v) &= (a + b\cos u)\sin v \\ z(u,v) &= b\sin u \end{aligned}$$

Präziser gesagt handelt es sich hierbei um den Torus, der durch Rotation um die z - Achse eines Kreises, der in der (x, z) - Ebene liegt, Mittelpunkt $(a, 0, 0)$ und Radius b besitzt.

c) Allgemeiner erhält man Parametrisierungen von Drehflächen um die z - Achse in der folgenden Weise.

Sei $C : t \mapsto \begin{pmatrix} x(t) \\ 0 \\ z(t) \end{pmatrix}$ eine Parametrisierung einer glatten Kurve in der (x, z) - Ebene. Wendet man darauf eine Drehung D_φ um die z - Achse um den Winkel φ an, dann gilt mit

$$D_\varphi = \begin{pmatrix} \cos\varphi & -\sin\varphi & 0 \\ \sin\varphi & \cos\varphi & 0 \\ 0 & 0 & 1 \end{pmatrix},$$

dass

$$D_\varphi \cdot C(t) = \begin{pmatrix} \cos\varphi \cdot x(t) \\ \sin\varphi \cdot x(t) \\ z(t) \end{pmatrix}.$$

Läßt man φ kontinuierlich von 0 bis 2π laufen, so entsteht aus der Kurve eine Drehfläche mit der Parametrisierung

$$x : (t, \varphi) \mapsto \begin{pmatrix} \cos\varphi \cdot x(t) \\ \sin\varphi \cdot x(t) \\ z(t) \end{pmatrix}.$$

Mit der Parametrisierung des Kreises

$$t \mapsto \begin{pmatrix} b\cos t + a \\ 0 \\ b\sin t \end{pmatrix}$$

ergibt sich hiermit gerade die Parametrisierung des Torus aus b).

Sei $X : D \longrightarrow \mathbb{R}^3$ mit

$$(u,v) \mapsto \begin{pmatrix} x(u,v) \\ y(u,v) \\ z(u,v) \end{pmatrix}$$

eine reguläre Parametrisierung einer Fläche S.

Seien u_0 bzw. v_0 fest gewählt. Dann sind die Abbildungen

$$v \mapsto X(u_0, v)$$

bzw.

$$u \mapsto X(u, v_0)$$

reguläre Parametrisierungen von glatten Kurven. Beachte hierzu, dass wegen Bedingung (ii) sicherlich $X_u(u, v_0) \neq 0$ und $X_v(u_o, v) \neq 0$ ist. Diese Kurven nennt man die Parameterlinien von S durch $X(u_0, v_0)$. Wegen der Regularität sind $X_u(u_0, v_0)$ und $X_v(u_0, v_0)$ linear unabhängig. Daher spannen diese Vektoren in $X(u_0, v_0)$ eine Tangentialebene an S auf mit Normalenvektor

$$N(u_0, v_0) = X_u(u_0, v_0) \times X_v(u_0, v_0).$$

Aus den Eigenschaften des Vektorprodukts folgt, dass
$X_u(u_0, v_0), X_v(u_0, v_0)$ und $N(u_0, v_0)$
ein Rechtssystem bilden und dass das von $X_u(u_0, v_0)$ und $X_v(u_0, v_0)$ aufgespannte Parallelogramm den Flächeninhalt

$$|N(u_0.v_0)| = |X_u(u_0, v_0) \times X_v(u_0, v_0)|$$

besitzt.
Überzieht man S durch ein Netz von Parameterlinien und approximiert die Teilfläche S_i, welche durch die Parameterlinien $X_u(u, v_i), X_u(u, v_i + \Delta(v_i)), X_v(u_i, v), X_v(u_i + \Delta(u_i), v)$ begrenzt ist, durch das von $X_{u_i} \cdot \Delta_{u_i}$ und $X_{v_i} \cdot \Delta_{v_i}$ aufgespannte Parallelogramm - Δ_{u_i} bzw. Δ_{v_i} sind durch die Abstände von (u_i, v_i) zu den nächsten Netzpunkten bestimmt - dann ist anschaulich der Flächeninhalt von S_i ungefähr

$$|X_{u_i} \times X_{v_i}| \cdot \Delta_{u_i} \cdot \Delta_{v_i}$$

bzw. jener von S wird durch

$$\sum_{i=1}^{m} |X_{u_i} \times X_{v_i}| \cdot \Delta_{u_i} \cdot \Delta_{v_i}$$

angenähert.
Verfeinerung des Netzes führt auf den Grenzwert

$$\lim_{m \longrightarrow \infty} \sum_{i=1}^{m} |X_{u_i} \times X_{v_i}| \cdot \Delta_{u_i} \cdot \Delta_{v_i} \quad = \quad \int\int_D |X_u \times X_v| \, dudv.$$

Dieser Grenzwert existiert, wenn S regulär ist. Man definiert dann diesen Grenzwert als den Flächeninhalt $F(S)$. Es gilt also:

$$F(S) := \int\int_D |X_u \times X_v| \, dudv.$$

Beispiele:

a) Oberfläche einer Kugel mit Radius ρ.

b) Sei S der Graph einer stetig differenzierbaren Funktion $f(x, y) : D \longrightarrow \mathbb{R}$ mit regulärem Definitionsbereich D. Dann ist $X : D \longrightarrow \mathbb{R}^3$ mit

$$(x, y) \mapsto \begin{pmatrix} x \\ y \\ f(x, y) \end{pmatrix}$$

eine reguläre Parametrisierung dieses Graphen; denn

$$X_x = \begin{pmatrix} 1 \\ 0 \\ f_x(x, y) \end{pmatrix} \text{ und } X_y = \begin{pmatrix} 0 \\ 1 \\ f_y(x, y) \end{pmatrix}$$

sind offensichtlich linear unabhängig. Ist

$$\begin{pmatrix} x_1 \\ y_1 \\ f(x_1, y_1) \end{pmatrix} = \begin{pmatrix} x_2 \\ y_2 \\ f(x_2, y_2) \end{pmatrix}$$

so folgt $x_1 = x_2, y_1 = y_2$, also auch $f(x_1, y_1) = f(x_2, y_2)$. Daher ist X injektiv. Man errechnet

$$X_x \times X_y = \begin{pmatrix} e_1 & e_2 & e_3 \\ 1 & 0 & f_x(x, y) \\ 0 & 1 & f_y(x, y) \end{pmatrix} = (-f_x(x, y), -f_y(x, y), 1)^\top.$$

Hieraus folgt dann:

$$\int\int_D \sqrt{1 + f_x^2(x, y) + f_y^2(x, y)}\, dxdy$$

ist die Oberfläche des Graphen von f.

2.6 Oberflächenintegrale

Sei S eine Fläche im $\mathbb{R}^3$ mit regulärer Parametrisierung $X : D \longrightarrow S$. Sei $f : M \longrightarrow \mathbb{R}$ stetig und $S \subseteq M$. Dann ist das Oberflächenintegral von f auf S definiert durch

$$\int\int_S f\, dO := \int\int_D f(X(u, v))|X_u \times X_v|\, dudv.$$

- Ist $f = 1$, dann ist $\int\int_S dO = F(S)$ der Flächeninhalt von S, vgl Abschnitt 2.5.
- Man kann f, wie bei anderen Integralen als Massendichte auf S interpretieren, dann stellt

  $$\int\int fdO$$

  die Masse von S dar.

- Ebenso wie bei anderen Integralen ist der Massenschwerpunkt von S durch die Koordinaten

$$x_S = \frac{1}{m} \int\int_S x \cdot f \; dO$$

$$y_S = \frac{1}{m} \int\int_S y \cdot f \; dO$$

$$z_S = \frac{1}{m} \int\int_S z \cdot f \; dO$$

bestimmt. m bezeichnet die Masse von S.

Für $f = 1$ erhält man die Koordinaten des geometrischen Schwerpunkts von S.

Beispiel: Sei S definiert durch

$$z = x^2 + y$$

mit $0 \leq x \leq 1$ und $-3 \leq y \leq 3$. Zu berechnen sei $\int\int_S x \; dO$.
S ist somit Graph der Funktion $f(x, y) = x^2 + y$. Nach Beispiel b) aus Abschnitt 2.5. gilt:

$$|X_x \times X_y| = \sqrt{1 + f_x^2 + f_y^2} \text{ für } X : (x, y) \mapsto \begin{pmatrix} x \\ y \\ f(x, y) \end{pmatrix}.$$

Daher ist

$$\iint_S x \; dO = \iint x \cdot \sqrt{1 + 4x^2 + 1} \; dxdy = \int_{-3}^{3} \int_0^1 x \cdot \sqrt{2 + 4x^2} \; dxdy.$$

Eine leichte Rechnung mit der Substitution $u = 2 + 4x^2$ zeigt, dass

$$\iint_S x \; dO = 3\sqrt{6} - \sqrt{2}$$

ist.

Oberflächenintegrale von Vektorfeldern.
Sei S eine Fläche im $\mathbb{R}^3$ mit regulärer Parametrisierung $X : D \longrightarrow S$. Sei g ein stetiges Vektorfeld auf U mit $S \subseteq U$. Es sei vorausgesetzt, dass S eine Orientierung besitzt (d.h. es ist definiert, was innen und außen ist). Ferner bezeichne n den nach außen weisenden Normaleneinheitsvektor. Dann ist das Oberflächenintegral von g auf S definiert durch

$$\iint_S g \cdot ndO := \iint_D g \cdot n|X_u \times X_v| \; dudv.$$

Weisen n und $X_u \times X_v$ in dieselbe Richtung, dann ist

$$n|X_u \times X_v| = X_u \times X_v$$

und

$$\iint_S g \cdot n dO = \iint g(X(u,v)) \cdot (X_u \times X_v)\, dudv.$$

Nicht jede Fläche im $\mathbb{R}^3$ ist orientierbar. Das Möbiusband ist Beispiel einer nicht orientierbaren Fläche. Es entsteht dadurch, indem man einen Streifen Papier nach Drehung um 180° zusammenklebt. Obige Definition wäre sinnlos für nicht orientierbare Flächen, da die Normalenrichtung einer solchen Fläche nicht eindeutig ist. Wandert man einmal mit einer gerichteten Normalen um ein Möbiusband herum, so dreht sich die Normalenrichtung gerade um.

Interpretiert man das Vektorfeld g als Geschwindigkeitsfeld einer Strömung, dann ist

$$\iint_S g \cdot n dO$$

gerade die Menge an Flüssigkeit durch die Fläche S pro Zeiteinheit. Man nennt daher das Oberflächenintegral

$$\iint_S g \cdot n dO$$

den Fluss von g durch S.

Beispiel: S sei gegeben durch $z = 4 - x^2 - y^2$, $z \geq 0$. Das Vektorfeld $g = (-2, 2, 2)^\top$ sei konstant.

S ist der Graph der Funktion $f(x, y, z) = 4 - x^2 - y^2$ über dem Kreis K in der (x,y) - Ebene um O mit Radius 2.

Nach Abschnitt 2.5 ist für die Parametrisierung $X : (x, y) \mapsto \begin{pmatrix} x \\ y \\ f(x,y) \end{pmatrix}$ der Normalenvektor

$$X_x \times X_y = (-f_x, -f_y, 1)^\top = (2x, 2y, 1)^\top.$$

Mit

$$g(X(x, y)) \cdot (X_x \times X_y) = -4x + 4y + 2$$

folgt

$$\iint_S g \cdot n dO = \iint_K -4x + 4y + 2\, dxdy = 2 \iint_K 1\, dxdy = 2\pi 2^2 = 8\pi.$$

Unter einer stückweise regulären Fläche S versteht man die Vereinigung endlich vieler regulärer Flächenstücke $S_1, \ldots, S_m$ mit $S_i \cap S_j \subseteq \partial S_i \cap \partial S_j$ für $i \neq j$.

Für eine stückweise reguläre Fläche $S = \bigcup S_i$ definiert man dann

$$\iint_S f\, dO := \iint_{S_1} f\, dO + \ldots + \iint_{S_m} f\, dO.$$

Eine Fläche S nennt man *geschlossen*, wenn $\partial S = \emptyset$.

Man beachte, dass für eine 2 - dimensionale Nullmenge N gilt:

$$\iint_S f\, dO = \iint_{S\setminus N} f\, dO.$$

Es genügt also, wenn die Menge, über die zu integrieren ist, bis auf eine Nullmenge regulär ist. Dies gilt analog für alle Integralarten.

2.7 Integralsätze im $\mathbb{R}^3$

Satz 2.7.1:(Satz von Stokes) Sei S eine orientierbare, stückweise reguläre Fläche. ∂S bestehe aus stückweise glatten geschlossenen Kurven und sei so parametrisiert, dass S links von der Durchlaufrichtung liegt und die Flächennormale n sei so gewählt, dass sie im positiven Sinn (also gegen den Uhrzeiger) von der Randkurve umlaufen wird.
Sei $D = D^o \subseteq \mathbb{R}^3$ mit $S \subseteq D$ und $g : D \longrightarrow \mathbb{R}^3$ sei ein stetig differenzierbares Vektorfeld. Dann gilt:

$$\oint_{\partial S} g dx = \iint_S \mathrm{rotg} \cdot \mathrm{n\ dO}.$$

Der Satz von Stokes ist eine Verallgemeinerung des Satzes von Green. Ist S ein ebener Bereich in der (x,y) - Ebene und $g = (g_1, g_2, 0)^\top$ ein ebenes Vektorfeld, dann ist

$$n = \begin{pmatrix} 0 \\ 0 \\ 1 \end{pmatrix}, \mathrm{rotg} = \begin{pmatrix} 0 \\ 0 \\ \frac{\partial g_2}{\partial x} - \frac{\partial g_1}{\partial y} \end{pmatrix}.$$

Somit ist

$$\mathrm{rotg} \cdot \mathrm{n} = \frac{\partial \mathrm{g}_2}{\partial \mathrm{x}} - \frac{\partial \mathrm{g}_1}{\partial \mathrm{y}}$$

und der Satz von Stokes nimmt die Form des Satzes von Green an.

Beispiel: Sei S die Oberfläche des Paraboloids mit der Gleichung

$$z = 4 - x^2 - y^2,$$

oberhalb der Ebene $z = 0$, vgl. das 2.Beispiel aus Abschnitt 2.6. Ferner sei das Vektorfeld

$$g(x, y, z) = \begin{pmatrix} z - y \\ x + z \\ -(x + y) \end{pmatrix}$$

gegeben. Es soll der Satz von Stokes verifiziert werden.
Es ist

$$\mathrm{rotg} = \begin{vmatrix} e_1 & e_2 & e_3 \\ \frac{\partial}{\partial x} & \frac{\partial}{\partial y} & \frac{\partial}{\partial z} \\ z - y & x + z & -(x + y) \end{vmatrix} = (-1 - 1)\mathrm{e}_1 + (1 + 1)\mathrm{e}_2 + (1 + 1)\mathrm{e}_3 = \begin{pmatrix} -2 \\ 2 \\ 2 \end{pmatrix}.$$

Nach Abschnitt 2.6 ist $\iint_S \mathrm{rotg} \cdot \mathrm{ndO} = 8\pi$.

Der Rand ∂S ist der Schnitt von S mit der (x, y) - Ebene. Es handelt sich um einen Kreis mit Radius 2 und besitzt die Parametrisierung

$$C(t) = (2\cos t, 2\sin t, 0)^\top.$$

Die Durchlaufrichtung ist dabei so gewählt, dass S links von ∂S liegt. Mit

$$g(C(t)) = \begin{pmatrix} 0 - 2\sin t \\ 2\cos t + 0 \\ -2(\cos t + \sin t) \end{pmatrix}, \begin{pmatrix} -2\sin t \\ 2\cos t \\ 0 \end{pmatrix}$$

folgt

$$\int_0^{2\pi} g(C(t)) \cdot C'(t)\, dt = \int_0^{2\pi} 4\sin^2 t + 4\cos^2 t + 0\, dt = \int_0^{2\pi} 4\, dt = 8\pi.$$

Letztlich beachte man, dass der Normalenvektor $N = \begin{pmatrix} 2x \\ 2y \\ 1 \end{pmatrix}$ mit dem das Oberflächenintegral in 2.6 gerechnet wurde nach oben weist, also in die Richtung einer Rechtsschraube zeigt, die im Durchlaufsinn der Randkurve gedreht wird.

Satz 2.7.2: (Satz von Gauß) Sei $M \subset \mathbb{R}^3$ regulär und $\partial M =: S$ bestehe aus endlich vielen geschlossenen stückweise regulären orientierbaren Flächen, die sich höchstens in Randpunkten schneiden. Sei n der nach außen weisende Normaleneinheitsvektor von S. Ferner sei $g : D \longrightarrow \mathbb{R}^3$ ein stetig differenzierbares Vektorfeld, dessen Definitionsbereich D die reguläre Menge M enthält. Dann gilt:

$$\iint_S g \cdot n\, dO = \iiint \text{div g dV} .$$

Da M als reguläre Menge beschränkt ist, ist klar, dass nach außen heißt, dass der Normalenvektor aus M heraus zeigt.

Zum Satz von Gauß sagt man auch einfach Divergenzsatz im $\mathbb{R}^3$. Wie bei den anderen Integralsätzen ist eine der Hauptanwendungen des Satzes, dass oft eines der beiden Integrale (das Dreifachintegral oder das Oberflächenintegral) relativ einfach, das andere jedoch ziemlich schwierig zu berechnen ist.

Beispiele:

a) Sei S die Oberfläche einer Kugel B vom Radius a und $g(x, y, z) = \begin{pmatrix} x \\ y \\ z \end{pmatrix}$. Gesucht ist der Fluss von g durch S von innen nach außen.

   Es ist $\text{divg} = 1 + 1 + 1 = 3$.

   Mit dem Satz von Gauß folgt

$$\iint_S g \cdot ndO = \iiint_B \text{divgdV} = \iiint_{\text{B}} \text{3dV} = 4\pi \text{a}^3,$$

wobei für die Berechnung des letzten Integrals das Kugelvolumen $\frac{4}{3}\pi a^3$ verwendet wurde. In diesem Beispiel war das Dreifachintegral leicht auszuwerten.

b) Sei $U \subset \mathbb{R}^3$ der Zwischenraum zwischen zwei geschlossenen Flächen S_1, S_2 mit $S_2 \subset S_1$ (z.B. sind S_1, S_2 konzentrische Kugeln). Sei g ein Vektorfeld mit $\operatorname{divg} = 0$ definiert auf D mit $U \subseteq D$. Dann stimmt der Fluss von g durch S_1 mit jenem von g durch S_2 (jeweils von innen nach außen) überein.

Beweis: Nach dem Satz von Gauß gilt:

$$\iint_{S_1} g \cdot n dO + \iint_{S_2^-} g \cdot n dO = \iiint_U \operatorname{divg}\, \mathrm{dV} = 0.$$

Hierbei sind S_1 und S_2^- so zu orientieren, dass n aus U heraus weist; daher sind sie entgegengesetzt zu orientieren (daher das Minuszeichen bei S_2^-). □

c) Sei g ein Vektorfeld mit $\operatorname{divg} = 1$ und M eine reguläre Menge. Dann gilt für das Volumen $V(M)$

$$V(M) = \iiint_M 1 dV = \iint_{\partial M} g \cdot n dO.$$

Konkret sei $g = \begin{pmatrix} x \\ 0 \\ 0 \end{pmatrix}$ und M die obere Halbkugel vom Radius a mit der Gleichung

$$z = \sqrt{a^2 - x^2 - y^2}.$$

Man beachte, dass der Rand von M aus der Oberfläche der Kugel und dem Kreis K in der (x, y) - Ebene mit Radius a besteht. $(0, 0, -1)^T$ ist der Normalenvektor zu K. Hieraus folgt, dass der Fluss von g durch K Null ist, denn

$$(x, 0, 0) \cdot (0, 0, -1) = 0.$$

Der Normalenvektor der Kugeloberfläche ist $\begin{pmatrix} -f_x \\ -f_y \\ 1 \end{pmatrix}$ mit

$$-f_x = \frac{x}{\sqrt{a^2 - x^2 - y^2}}.$$

Daher berechnet sich der Fluss von g durch die Oberfläche der Halbkugel als

$$\iint_{\partial M} g \cdot n dO = \iint_K \frac{x^2}{\sqrt{a^2 - x^2 - y^2}} dx dy = \int_0^{2\pi} \int_0^a \frac{r \cdot r^2 \cos^2 \varphi}{\sqrt{a^2 - r^2}} dr d\varphi =$$

$$= \int_0^{2\pi} \cos^2 \varphi \, d\varphi \int_0^a \frac{r^3}{\sqrt{a^2 - r^2}} dr = \int_0^{2\pi} \cos^2 \varphi \, d\varphi \int_{a^2}^0 -\frac{1}{2} \frac{a^2 - u}{\sqrt{u}} du = \frac{2}{3}\pi a^3.$$

Das Volumen der Halbkugel ist also $\frac{2}{3}\pi a^3$.

2.8 Drehkörper und Drehflächen

Satz 2.8.1: (2.Regel von Guldin) Das Volumen eines Drehkörpers im $\mathbb{R}^3$, der durch Rotation einer regulären Fläche um eine Achse entsteht, ist

$$V = 2 \cdot \pi \cdot r_0 \cdot F.$$

Hierbei ist F der Flächeninhalt der um die Achse rotierenden Fläche S. Bezeichnet E die Ebene, die die Drehachse und S enthält, dann ist vorausgesetzt, dass in E die Fläche S ganz auf einer Seite der Achse liegt. r_0 ist der Abstand des Flächenschwerpunkts von S von der Drehachse.

Beispiel: Sei M die obere Halbkugel. Im letzten Beispiel des vorigen Abschnitts wurde $V(M)$ berechnet. Andererseits lässt sich dies auch mit der 2.Regel von Guldin durch Rotation eines Viertelkreises vom Radius a um die z - Achse berechnen. Dann gilt:

$$\frac{2}{3}\pi a^3 = V(M) = 2 \cdot \pi \cdot r_0 \cdot \frac{1}{4}\pi a^2.$$

Es folgt, dass der Schwerpunkt des Viertelkreises von der z - Achse den Abstand $r_0 = \frac{4a}{3\pi}$ besitzt. Letzteres kann man auch separat berechnen. In Beispiel d) von Abschnitt 2.4 wurde dies für den Viertelkreis mit Radius 1 durchgeführt.

.

Schwerpunkt bei Kurven. Ist K eine glatte Kurve der Länge l im $\mathbb{R}^3$ mit regulärer Parametrisierung $C(t) = (x(t), y(t), z(t))$, dann berechnet sich der Kurvenschwerpunkt (x_{SP}, y_{SP}, z_{SP}) durch :

$$x_{SP} = \frac{1}{l}\int_K x\,ds = \frac{1}{l}\int_{a_1}^{a_2} x(t) \cdot \sqrt{x'(t)^2 + y'(t)^2 + z'(t)^2}\,dt$$

$$y_{SP} = \frac{1}{l}\int_K y\,ds = \frac{1}{l}\int_{a_1}^{a_2} y(t) \cdot \sqrt{x'(t)^2 + y'(t)^2 + z'(t)^2}\,dt$$

$$z_{SP} = \frac{1}{l}\int_K z\,ds = \frac{1}{l}\int_{a_1}^{a_2} z(t) \cdot \sqrt{x'(t)^2 + y'(t)^2 + z'(t)^2}\,dt$$

Satz 2.8.2: (1.Regel von Guldin) Der Flächeninhalt einer Drehfläche im $\mathbb{R}^3$, die durch Rotation einer glatten Kurve um eine Drehachse entsteht, ist

$$F = 2 \cdot \pi \cdot r_0 \cdot l.$$

l ist die Länge der um die Drehachse rotierenden Kurve K. Bezeichnet E die Ebene, in der die Drehachse und die Kurve K liegen, dann wird vorausgesetzt, dass K in E ganz auf einer Seite der Drehachse liegt. r_0 ist der Abstand des Schwerpunkts der rotierenden Kurve von der Drehachse.

Beweis von Satz 2.8.1: (S sei ein Normalbereich) Nach einer geeigneten Bewegung des Koordinatensystems kann man annehmen, dass die z - Achse Drehachse ist. S sei gegeben durch

$$a \leq z \leq b, f_1(z) \leq x \leq f_2(z).$$

Bezeichne R den Drehkörper. In Zylinderkoordinaten gilt dann:

$$\iiint_R dV = \int_0^{2\pi} \int_a^b \int_{f_1(z)}^{f_2(z)} r dr dz d\varphi.$$

In der (x, z) - Ebene ist $x = r$. Daher folgt

$$\int_0^{2\pi} \int_a^b \int_{f_1(z)}^{f_2(z)} r dr dz d\varphi = \int_0^{2\pi} \left(\iint_S x dx dz \right) d\varphi = 2\pi \iint_S x dF$$
$$= 2\pi F(S) \underbrace{\frac{1}{F(S)} \iint_S x \, dF}_{= x_{SP}} .$$

Die x - Koordinate x_{SP} des Schwerpunkts von F ist aber gerade der Abstand des Schwerpunkts zur z - Achse. □

2.9 Maxwell - Gleichungen

Die Maxwell - Gleichungen sind die Grundgleichungen der Elektrodynamik. Sie wurden von Maxwell in den Jahren 1861- 1865 aufgestellt und verknüpfen elektrische und magnetische Felder.

Notationen.

- E = elektrisches Feld (elektrische Feldstärke)
- H = magnetisches Feld (magnetische Feldstärke)
- D = elektrische Flussdichte (Verschiebungsdichte)
- B = magnetische Flussdichte (Induktionsdichte)
- J = elektrische Stromdichte

Alle fünf Vektorfelder hängen von der Zeit t und dem Ort $x = (x, y, z)$ ab.

Die Maxwell-Gleichungen wurden zuerst in der Form von Integralgleichungen gefunden. Im Folgenden werden, wenn SI - Einheiten (SI = Systeme International d'unities) zu Grunde gelegt werden, formuliert. Hierzu sei M ein regulärer Bereich und S eine reguläre Fläche im $\mathbb{R}^3$.

Integralform der Maxwell-Gleichungen.

I1)	$\iint_{\partial M} DdO = Q$	Die in M enthaltene Ladung Q stimmt mit dem elektrischen Fluss durch die Oberfläche überein.
I2)	$\iint_{\partial M} BdO = 0$	Der magnetische Fluss durch die Oberfläche stimmt mit der magnetischen Ladung in M überein Es gibt keine magnetische Monopole.
I3)	$\oint_{\partial S} E \cdot dx + \frac{\partial}{\partial t} \iint_S BdO = 0$	Die elektrische Zirkulation entlang des Randes ist gleich der negativen zeitlichen Änderung des magnetischen Flusses durch die Fläche.
I4)	$\oint_{\partial S} H \cdot dx - \frac{\partial}{\partial t} \iint_S DdO = I$	Die magnetische Zirkulation entlang des Randes ist die Summe aus Strom und der zeitlichen Änderung des elektrischen Flusses durch die Fläche S.

Mit Hilfe der Integralsätze von Stokes und Gauß kann man die Maxwell-Gleichungen in Differentialgleichungen umformen.

Maxwell-Gleichungen als Differentialgleichungen.

D1)	$\mathrm{divD} = \rho$	Die Ladungsdichte ρ ist Quelle des elektrischen Feldes.
D2)	$\mathrm{divB} = 0$	Die magnetische Flussdichte ist quellenfrei.
D3)	$\mathrm{rotE} = -\frac{\partial}{\partial t}\mathrm{B}$	Änderungen der magnetischen Flussdichte führen zu einem elektrischen Wirbelfeld.
D4)	$\mathrm{rotH} = \mathrm{J} + \frac{\partial}{\partial t}\mathrm{D}$	Magnetische Wirbel sind von Leitungsstromdichte und Verschiebungsstromdichte abhängig.

Die Gleichungen I1) bzw. D1) werden auch Coulombsches Gesetz oder auch Gaußsches Gesetz genannt, I2) bzw. D2) Gaußsches Gesetz des Magnetismus, I3) bzw. D3) Faradaysches Induktionsgesetz sowie I4) bzw. D4) Gesetz von Biot-Savart-Ampere in der von Maxwell korrigierten (Term der Verschiebungsstromdichte) Form.

Anwendung der Integralsätze. Mit Hilfe der Integralsätze von Gauß und Stokes sieht man, dass die Integralform und die Differentialgleichungsform des jeweiligen Gesetzes zueinander äquivalent sind. Es gilt z.B.:

$$\mathrm{divD} = \rho \Longrightarrow \iiint_{\mathrm{M}} \mathrm{divDdV} = \iiint_{\mathrm{M}} \rho \mathrm{dV} = \mathrm{Q}.$$

Der Satz von Gauß liefert dann

$$\iint_{M} \mathrm{divDdV} = \iint_{\partial \mathrm{M}} \mathrm{DdO}$$

und somit I1). Mit Differentiation sieht man, dass aus I1) auch D1) folgt.

$$\mathrm{rotE} = -\frac{\partial}{\partial \mathrm{t}}\mathrm{B} \Longrightarrow \iint_{\mathrm{S}} \mathrm{rotEdO} = -\iint_{\mathrm{S}} \frac{\partial}{\partial \mathrm{t}}\mathrm{BdO}.$$

Aus dem Satz von Stokes ergibt sich

$$\iint_{S} \mathrm{rotEdO} = \oint_{\partial \mathrm{S}} \mathrm{E} \cdot \mathrm{dx}.$$

Setzt man voraus, dass B genügend stetig differenzierbar ist (vgl. Satz 2.1.1) , dann kann man Integration und Differentiation beim Oberflächenintegral vertauschen, d.h.

$$\iint_{S} \frac{\partial}{\partial t} BdO = \frac{\partial}{\partial t} \iint_{S} BdO$$

und 3I) ist aus 3D) hergeleitet. Die Umkehrung sieht man entsprechend.

Wendet man auf 3D) auf beiden Seiten div an, dann folgt (E und B als genügend stetig differenzierbar vorausgesetzt), dass

$$0 = \mathrm{divrotE} = -\frac{\partial}{\partial \mathrm{t}}\mathrm{divB}.$$

Analog schliesst man aus 4D) auf

$$0 = \mathrm{divJ} + \frac{\partial}{\partial \mathrm{t}}\mathrm{divD}.$$

Mit dem Coulomb'schen Gesetz erhält man dann hieraus die sogenannten Kontinuitätsgleichungen

$$\mathrm{divB} = 0 \quad \text{und} \quad \mathrm{divJ} + \frac{\partial \rho}{\partial \mathrm{t}} = 0$$

In homogenen Medien gilt:

$$J = \sigma E, \quad D = \varepsilon E, \quad B = \mu H.$$

Hierbei bezeichnet σ die Leitfähigkeit, ε die Permitivität und μ die Permeabilität. Insgesamt ergibt sich dann in homogenen Medien für E und H folgendes System von partiellen Differentialgleichungen.

$$\mathrm{rotE} + \mu\frac{\partial}{\partial \mathrm{t}}\mathrm{H} = 0$$

$$\mathrm{rotH} = \sigma\mathrm{E} + \varepsilon\frac{\partial}{\partial \mathrm{t}}\mathrm{E}$$

$$\mathrm{divH} = 0$$

$$\mathrm{div}(\sigma\mathrm{E} + \varepsilon\frac{\partial}{\partial \mathrm{t}}\mathrm{E}) = 0$$

Kapitel 3

Differentialgleichungen

3.1 Grundbegriffe

Auf $D \subset \mathbb{R} \times \mathbb{R}$ sei eine reellwertige Funktion g erklärt. Die Gleichung

$$y' = g(x, y)$$

wird als *Differentialgleichung erster Ordnung* bezeichnet. [1]

Verläuft der Graph einer auf einem Intervall I (stetig) differenzierbaren Funktion $y = f(x)$ ganz in D, d.h.

$$\{(x, f(x)); x \in I\} \subset D$$

und gilt für jedes $x \in I$, dass $f'(x) = g(x, f(x))$, so nennt man $f(x)$ eine Lösung der Differentialgleichung.

Man schreibt meistens $y(x)$ statt $f(x)$ bzw. $y'(x)$ statt $f'(x)$.

Allgemeiner versteht man unter einer Differentialgleichung n - ter Ordnung eine Gleichung der Form

$$y^{(n)} = g(x, y, y', \ldots, y^{(n-1)}),$$

hierbei ist g eine reellwertige Funktion definiert auf einer Teilmenge von $\mathbb{R}^{n+1}$. Wir werden uns zunächst mit DGL erster Ordnung beschäftigen. In Abschnitt 3.4 werden erstmals DGL n - ter Ordnung betrachtet.

[1] Das Wort Differentialgleichung wird im Folgenden häufig mit DGL abgekürzt.

Spezialfälle:

a) g hänge nur von x ab, g sei stetig. Dann folgt aus $y' = g(x)$, dass $y = \int g(x)\,dx$ bzw. $y = y(x_0) + \int_{x_0}^{x} g(t)\,dt$.

b) g hänge nur von y ab, also

$$y' = g(y).$$

g sei stetig. Falls $g(y) = 0$ ist, dann ist $y = const.$ die Lösung.

Sei $y(x)$ eine Lösung mit $y(x_0) = y_0$ und $g(y_0) \neq 0$. In einer Umgebung von (x_0, y_0) existiere die Umkehrfunktion $x(y)$. Dann erhält man

$$x'(y) = \frac{dx}{dy} = \frac{1}{g(y)}.$$

Also

$$x(y) = x(y_0) + \int_{y_0}^{y} \frac{1}{g(t)}\,dt.$$

Konkret sei

$$y' = \frac{1}{1+y^2}.$$

Dann folgt

$$\frac{dx}{dy} = 1 + y^2$$

und somit

$$x(y) = \frac{1}{3}y^3 + y + x(y_0).$$

Man erhält also eine Gleichung für die Umkehrfunktion.

Definition: Gegeben sei eine Differentialgleichung

$$y' = g(x, y), g : D \longrightarrow \mathbb{R}^2 \text{ mit } (x_0, y_0) \in D.$$

Gesucht werde eine Lösung y, deren Graph den Punkt (x_0, y_0) besitzt, d.h. es gilt $y(x_0) = y_0$. Dann nennt man diese Bedingung *Anfangsbedingung* und die Problemstellung ein *Anfangswertproblem.*

Die Namensgebung kommt aus der Kinematik. Ein Partikel (man stelle sich darunter etwa einen Planeten oder eine winzige Fliege vor) bewege sich so im Raum bzw. in der Ebene, dass seine mögliche Bahn unter dem Einfluß gewisser Kräfte genau durch die vorgegebene Differentialgleichung beschrieben wird. Im Allgemeinen wird es durch jeden Punkt genau eine Lösung der Differentialgleichung geben. Befindet sich das Partikel dann zum Zeitpunkt 0 im Punkt (x_0, y_0), dann bewegt es sich genau auf jener Lösung der Differentialgleichung, die dieser Anfangsbedingung genügt.

Beispiel: Die DGL

$$y' = x^2 y$$

besitzt als Lösung

$$y = c \cdot e^{\frac{x^3}{3}}, \quad c = \text{ beliebige Konstante }.$$

Verlangt man $y(1) = 2$ als Anfangsbedingung, dann ergibt sich $c = 2 \cdot e^{-\frac{1}{3}}$ und

$$y = 2 \cdot e^{-\frac{1}{3}} \cdot e^{\frac{x^3}{3}}$$

als Lösung des Anfangswertproblems.

3.2 Lineare Differentialgleichungen erster Ordnung

Definition: Eine Differentialgleichung der Form

$$(*) \quad y' = a(x) \cdot y + b(x)$$

mit stetigen Funktionen $a : I \longrightarrow \mathbb{R}$ und $b : I \longrightarrow \mathbb{R}$ heißt *lineare Differentialgleichung* erster Ordnung. Falls $b(x) = 0$, dann heißt die Differentialgleichung *homogen*, sonst *inhomogen*. Die Differentialgleichung

$$(**) \quad y' = a(x) \cdot y$$

nennt man die zu (*) gehörige homogene Gleichung.

Sind y_1 und y_2 Lösungen von (*), dann gilt

$$(y_1 - y_2)' = y_1' - y_2' = a(x)y_1 + b(x) - a(x)y_2 - b(x) = a(x)(y_1 - y_2).$$

Also ist $y_1 - y_2$ eine Lösung von (**).

Satz 3.2.1: Sei $A(x) = \int a(t)\,dt$. Dann erhält man alle Lösungen der homogenen linearen Differentialgleichung

$$y' = a(x) \cdot y$$

durch

$$y(x) = c \cdot e^{A(x)}, \quad c \in \mathbb{R}.$$

Statt aller Lösungen einer Differentialgleichung spricht man auch von der *allgemeinen Lösung* .

Zum Beweis von Satz 3.2.1: Es gilt

$$y'(x) = c \cdot A'(x) \cdot e^{A(x)} = c \cdot a(x) \cdot e^{A(x)} = a(x) \cdot y(x).$$

Also ist das angegebene $y(x)$ eine Lösung. Zum Nachweis, dass dies alle Lösungen sind, verwendet man einen Existenz- und Eindeutigkeitssatz für Differentialgleichungen. Dieser soll erst später formuliert werden. Man zeigt, dass unter geeigneten Voraussetzungen, die auf obige Situation zutreffen, durch einen Punkt (x_0, y_0) genau eine Lösung geht.

Beispiel:

$$y' = \sin x \cdot y.$$

Also ist $a(x) = \sin x$ und somit $A(x) = -\cos x$. Es folgt

$$y = c \cdot e^{-\cos x}$$

ist die allgemeine Lösung dieser DGL.

Satz 3.2.2: Die allgemeine Lösung der inhomogenen linearen Differentialgleichung

$$y' = a(x) \cdot y + b(x)$$

hat die Gestalt

$$y(x) = c \cdot e^{A(x)} + y_p(x),$$

wobei $y_p(x)$ eine beliebige aber fest gewählte Lösung der inhomogenen Gleichung ist.

Man nennt $y_p(x)$ eine *partikuläre Lösung.*

Die allgemeine Lösung der inhomogenen DGL y_{inh} ergibt sich also als Summe der allgemeinen Lösung der zugehörigen homogenen DGL y_{hom} plus irgendeiner partikulären Lösung y_p.

$$y_{inh} = y_{hom} + y_p.$$

Beweis: Wie bereits oben berechnet, ist die Differenz zweier Lösungen der inhomogenen DGL eine Lösung der zugehörigen homogenen DGL. Analog errechnet man, dass irgendeine Lösung der zugehörigen homogenen DGL addiert zu einer partikulären Lösung eine Lösung der inhomogenen DGL ist. □

Beispiel:

$$y' = 3y - x^2 \cdot e^{3x}.$$

Für die zugehörige homogene DGL gilt $a(x) = 3$, $A(x) = 3x$. $y_p = -\frac{x^3}{3}e^{3x}$ ist eine partikuläre Lösung, denn

$$y_p = -\frac{3x^2}{3}e^{3x} - 3\frac{x^3}{3}e^{3x} = b(x) + 3y_p.$$

Also ist

$$y_{inh} = c \cdot e^{3x} + y_p = c \cdot e^{3x} - \frac{x^3}{3}e^{3x}$$

mit beliebiger reeller Konstante c die allgemeine Lösung der DGL.

Der folgende Satz gibt an, wie man bei einer linearen DGL erster Ordnung eine partikuläre Lösung erhält.

Satz 3.2.3:

$$y_p(x) = \left(\int_{x_0}^{x} b(t)e^{-A(t)}\,dt\right) \cdot e^{A(x)}$$

ist eine partikuläre Lösung der linearen Differentialgleichung

$$y' = a(x)y + b(x),$$

wobei $A'(x) = a(x)$ ist .

Beweis: Differenzieren von $y_p(x)$ ergibt:

$$b(x) \cdot \underbrace{e^{-A(x)} \cdot e^{A(x)}}_{=1} + \underbrace{A'(x)}_{=a(x)} \underbrace{\cdot\, e^{A(x)} \int b(x)e^{-A(x)}\,dx}_{y_p}.$$

Einsetzen in die DGL ergibt dann die Behauptung. □

Beispiel:

$$y' = y + x.$$

Mit $a(x) = 1, b(x) = x$ und $A(x) = x$ ergibt sich:

$$y_p = e^x\Big(\int x \cdot e^{-x}\,dx\Big) = e^x(-1-x)e^{-x} = -1-x.$$

Somit ist

$$y_{inh} = c \cdot e^x + (-1-x).$$

3.3 Separierbare Differentialgleichungen

Definition. Eine Differentialgleichung erster Ordnung der Gestalt

$$y' = a(x)b(y)$$

mit stetigem $a : I \longrightarrow \mathbb{R}$ und stetig differenzierbarem $b : I \longrightarrow \mathbb{R}$ heißt *separierbar*.

Satz 3.3.1: Für die allgemeine Lösung $y(x)$ einer separierbaren Differentialgleichung gilt:

$$\int \frac{1}{b(y)}\, dy = \int a(x)\, dx + C,$$

$b(y) \neq 0$ sei vorausgesetzt.

Manchmal, nicht immer, kann man aus dieser Integralgleichung eine explizite Darstellung von y gewinnen.

Beweis: Sei $b(y) \neq 0$, dann folgt

$$\frac{1}{b(y)} y' = a(x).$$

Integration ergibt:

$$\int \frac{1}{b(y(x))} \cdot y'(x)\, dx = \int a(x)\, dx + C.$$

Mit der Substitution $y'(x) = \frac{dy}{dx}$, also formal $dy = y'(x)dx$ folgt dann die Behauptung. □

Beispiele:

a)

$$y' = x \cdot y^2.$$

Sei zunächst $y(x) \neq 0$.

Mit $\frac{dy}{dx} = xy^2$ folgt $\int \frac{1}{y^2}\, dy = \int x\, dx$. Somit

$$-\frac{1}{y} = \frac{1}{2}x^2 + C$$

und

$$y = -\frac{1}{\frac{1}{2}x^2 + C}.$$

Ist $y = 0$, dann folgt $y' = 0$. Daher ist $y = 0$ eine Lösung durch $(x_0, 0)$.

Sei (x_0, y_0) ein Anfangswert mit $y_o \neq 0$. Dann folgt

$$C = -\frac{1}{2}x_0^2 - \frac{1}{y_0} = -(\frac{x_0^2}{2} + \frac{1}{y_0}).$$

Je nach Wert von C ergeben sich verschiedene Lösungstypen.

Es ist $\frac{x^2}{2} + C = 0$ genau dann, wenn $x^2 = -2C$. Daher

i) Falls $-C > 0$, ergeben sich für y zwei verschiedene Pole bei
$$x_1 = \sqrt{x_0^2 + \frac{2}{y_0}} \text{ bzw. } x_2 = -\sqrt{x_0^2 + \frac{2}{y_0}}.$$
ii) $C = 0$. Dann folgt $y = -\frac{2}{x^2}$ und y besitzt bei $x = 0$ einen Pol.
iii) $-C < 0$. Dann besitzt y keine Pole.

Für konkrete Anfangswerte erhält man

I) $x_0 = 2, y_0 = 1$. Dann ist
$$y = -\frac{1}{\frac{x^2}{2} - 3}$$
mit Polen bei $x_1 = \sqrt{6}$ bzw. $x_2 = -\sqrt{6}$.

II) $x_0 = \sqrt{6}, y_0 = -\frac{1}{3}$. Dann ist
$$y = -\frac{2}{x^2}.$$

III) $x_0 = 0, y_0 = -1$ ergibt
$$y = -\frac{1}{\frac{x^2}{2} + 1}.$$

Aus der DGL ersieht man direkt, dass wenn eine Lösung y dort definiert und differenzierbar sein soll, dass dann $y'(0) = 0$ gelten muss.

b)
$$y' = \frac{x^2 + 1}{y^4 + 1}.$$
Nach Separieren und Integrieren ergibt sich
$$\frac{1}{5}y^5 + y = \frac{1}{3}x^3 + x + C,$$
somit erhält man keine explizite Lösung für y. Man nennt dann y implizit gegeben.

c)
$$y' = x \cdot y.$$
Sei zunächst $y \neq 0$. Aus $\frac{dy}{dx} = xy$ folgt $\frac{1}{y}dy = xdx$. Integration von beiden Seiten ergibt
$$\ln|y| = \frac{1}{2}x^2 + C.$$
Hieraus folgt $|y| = e^C \cdot e^{\frac{1}{2}x^2}$. Da e^C stets positiv ist, kann man $\pm e^C$ zu einer Konstanten K, die beliebige Werte in $\mathbb{R} \setminus \{0\}$ annehmen kann, zusammenfassen und die Lösung schreibt sich insgesamt als
$$x = K \cdot e^{\frac{1}{2}x^2},$$
wobei sich für $K = 0$ der Sonderfall $y = 0$ einfügt.

3.4 Homogene lineare Differentialgleichungen n - ter Ordnung mit konstanten Koeffizienten

Unter einer linearen Differentialgleichung n - ter Ordnung mit konstanten Koeffizienten $a_i \in \mathbb{R}$ versteht man eine Gleichung der Form

$$y^{(n)} + a_{n-1}y^{(n-1)} + \ldots + a_1 y' + a_0 y + r(x) = 0.$$

$r(x)$ nennt man Störfunktion. Ist $r(x) = 0$, so nennt man die DGL *homogen*, sonst *inhomogen*.

Bezeichnet V die Menge aller beliebig oft stetig differenzierbaren Funktionen von einem Intervall I nach $\mathbb{R}$. Dann ist aus der Linearen Algebra bekannt, dass diese mit der Addition

$$(f + g)(x) := f(x) + g(x)$$

und der Skalarmultiplikation

$$(\lambda f)(x) := \lambda \cdot f(x), \quad \lambda \in \mathbb{R}$$

einen Vektorraum über $\mathbb{R}$ bilden. Im folgenden ist stets $I = \mathbb{R}$ und V also der Vektorraum der beliebig oft stetig differenzierbaren Funktionen von $\mathbb{R}$ nach $\mathbb{R}$.

Der Differentialoperator $D : f \mapsto f'$ ist eine lineare Abbildung von V nach V. Der Operator D^k ist dann gerade die k - fache Hintereinanderausführung dieser Abbildung und bedeutet k - mal differenzieren. D^0 („0 - mal differenzieren “) bezeichnet die identische Abbildung. Lineare Abbildungen kann man addieren und mit einem Skalar multiplizieren. In diesem Sinn ist $\sum_{k=0}^{n} a_k D^k$ eine lineare Abbildung von V nach V, die sich aus Addition von skalaren Vielfachen von Differentialoperatoren der Form D^k ergibt. Allgemeiner nennt man auch solche Linearkombinationen von Differentialoperatoren wiederum einen *Differentialoperator* .

Bezeichnet $D = \frac{d}{dx}$ den Differentialoperator, dann kann man eine Differentialgleichung n - ter Ordnung mit konstanten Koeffizienten auch in der Form

$$(\sum_{k=0}^{n} a_k D^k)(y) + r(x) = 0$$

schreiben, wobei $D^k(y) = y^(k)$ ist. In der Regel wird - wie auch oben eingangs diesen Abschnitts geschehen - der höchste Koeffizient durch Durchdividieren zu $a_n = 1$ normiert.

Lemma 3.4.1: Die Lösungen einer homogenen DGL der Form

$$(\sum_{k=0}^{n} a_k D^k)(y) = 0$$

bilden einen $\mathbb{R}$ - Vektorraum.

Beweis: Dies folgt aus der Linearität des Operators $\sum a_i D^i$. Die Lösungen sind genau die Elemente im Kern von $\sum_{i=0}^{n} a_i D^i$.

Ist die DGL

$$(\sum_{k=0}^{n} a_k D^k)(y) + r(x) = 0$$

gegeben, so nennt man das Polynom

$$\sum_{k=0}^{n} a_k x^k$$

das *charakteristische Polynom* dieser DGL .

Wir zeigen an zwei Beispielen, welche Rolle das charakteristische Polynom bei der Lösung einer DGL mit konstanten Koeffizienten spielt.

Beispiel 1: Gegeben sei

$$y^{(4)} - 4y^{(3)} + 3y'' + 4y' - 4y = 0.$$

Dann ist $x^4 - 4x^3 + 3x^2 + 4x - 4$ das charakteristische Polynom. Verwendet man, um eine Lösung der DGL zu finden, den Ansatz $y = e^{\lambda x}$ und setzt dies in die DGL ein, so erhält man

$$\lambda^4 e^{\lambda x} - 4\lambda^3 e^{\lambda x} + 3\lambda^2 e^{\lambda x} + 4\lambda e^{\lambda x} - 4e^{\lambda x} = 0.$$

Für jedes x ist $e^{\lambda x}$ von 0 verschieden, d.h.man kann $e^{\lambda x}$ aus dieser Gleichung herauskürzen und man erhält die charakteristische Gleichung

$\lambda^4 - 4\lambda^3 + 3\lambda^2 + 4\lambda - 4 = 0.$

Somit ist $e^{\lambda x}$ genau dann eine Lösung der DGL, wenn λ eine Nullstelle von $x^4 - 4x^3 + 3x^2 + 4x - 4$ ist.

Es gilt:

$$x^4 - 4x^3 + 3x^2 + 4x - 4 = (x-2)^2(x+1)(x-1).$$

Somit sind e^x, e^{-x} und e^{2x} Lösungen dieser DGL. Diese Lösungen sind linear unabhängige Elemente von V; denn sei

$$ae^x + be^{-x} + ce^{2x} = 0, \quad a, b, c \in \mathbb{R}$$

vorgelegt. Dann ergibt Spezialisierung der Variablen x - man beachte, dass die obige Gleichung eine Gleichung von Funktionen ist, also für jeden möglichen Wert von x erfüllt sein muss -

$$\begin{array}{rccccccc} x=0: & a & + & b & + & c & = & 0 \\ x=1: & e\cdot a & + & \frac{1}{e}\cdot b & + & e^2\cdot c & = & 0 \\ x=-1: & \frac{1}{e}\cdot a & + & e\cdot b & + & \frac{1}{e^2}\cdot c & = & 0 \end{array}$$

Man sieht leicht , z.B. mit der Determinante, dass dieses LGS nur die triviale Lösung besitzt. Also sind e^x, e^{-x}, e^{2x} l.u.

Somit ist gezeigt, dass der Lösungsraum der DGL mindestens Dimension 3 besitzt.

Durch Einsetzen stellt man fest, dass $x \cdot e^{2x}$ ebenfalls eine Lösung dieser DGL ist. Um festzustellen, ob diese Lösung bereits eine Linearkombination der obigen Lösungen ist, setzt man wieder

$$ae^x + be^{-x} + ce^{2x} + dxe^{2x} = 0, \quad a, b, c, d \in \mathbb{R}.$$

Durch Ableiten beider Seiten erhält man

$$ae^x - be^{-x} + 2ce^{2x} + d(1+2x)e^{2x} = 0.$$

Subtraktion des 2 -fachen der ersten Gleichung von dieser ergibt:

$$-ae^x - 3be^{-x} + 0 + de^{2x} = 0.$$

Da e^x, e^{-x} und e^{2x} nach obigem l.u. sind, folgt sofort $a = b = d = 0$ und hieraus dann $c = 0$. Also sind e^x, e^{-x}, e^{2x} und xe^{2x} l.u. und der Lösungsraum der DGL ist mindestens 4 - dimensional.

Beispiel 2:

$$y^{(3)} + 3y'' + 4y' + 12y = 0.$$

Das charakteristische Polynom ist:

$$\lambda^3 + 3\lambda^2 + 4\lambda + 12 = 0$$

mit Nullstellen $-3, 2i, -2i$. Formal sind $e^{-3x}, e^{2ix}, e^{-2ix}$ Lösungen (mit $\frac{d}{dx}e^{kix} = k \cdot i \cdot e^{kix}$) . Doch die letzten beiden sind keine reellwertigen Funktionen und von nicht reellen Funktionen wurden auch bislang keine Ableitungen definiert. Dass man im Komplexen diese Funktionen als Lösungen betrachten kann, soll an dieser Stelle der Vorlesung nicht weiter verfolgt werden; hierzu wird auf die Standardliteratur zur Höheren Mathematik verwiesen. Unter der Annahme, dass dies Lösungen sind und auch im Komplexen die Lösungen Vektorraumstruktur besitzen sollten, kann man mit komplexen Koeffizienten folgende Linearkombinationen betrachten.

$$\cos 2x = \frac{1}{2}e^{2ix} + \frac{1}{2}e^{-2ix}$$

bzw.

$$\sin 2x = \frac{1}{2i}e^{2ix} - \frac{1}{2i}e^{-2ix}.$$

$\cos 2x$ und $\sin 2x$ liefern für reelle Argumente auch reelle Funktionswerte und daher liegt es nahe durch Einsetzen zu überprüfen, ob diese Funktionen Lösungen der DGL sind. Man stellt fest, dass dies in der Tat der Fall ist. $e^{-3x}, \sin 2x, \cos 2x$ sind wie man leicht verifiziert l.u. und man hat somit einen mindestens 3 - dimensionalen Lösungsraum der DGL gefunden.

Satz 3.4.2: Die Lösungen einer homogenen DGL n - ter Ordnung mit konstanten Koeffizienten bilden einen n - dimensionalen Vektorraum.

Dies ergibt für die Beispiele 1 und 2 folgende Konsequenzen:

1. $e^x, e^{-x}, e^{2x}, xe^{2x}$ bilden eine Basis des Lösungraumes. Daher ist

   $$y_{hom} = c_1e^x + c_2e^{-x} + c_3e^{2x} + c_4xe^{2x}$$

   die allgemeine Lösung von

   $$y^{(4)} - 4y^{(3)} + 3y'' + 4y' - 4y = 0.$$

2. $\cos 2x, \sin 2x, e^{-3x}$ sind eine Basis des Lösungsraums der DGL

   $$y^{(3)} + 3y'' + 4y' + 12y = 0.$$

Die allgemeine Lösung lautet:

$$y_{hom} = c_1 \cos 2x + c_2 \sin 2x + c_3 e^{-3x}.$$

Beispiel 3:

$$y'' - 2y' + 10y = 0.$$

Das charakteristische Polynom $x^2 - 2x + 10 = 0$ hat die Nullstellen $\lambda_{1,2} = 1 \pm 3i$. Formal, als komplexe Funktion geschrieben, ergibt sich $e^{(1+3i)x} = e^x e^{3ix}, e^{(1-3i)x} = e^x e^{-3ix}$ als Lösung. Hieraus lassen sich die reellen Funktionen $e^x \sin 3x, e^x \cos 3x$ analog wie in Beispiel 2 linear kombinieren. Durch Einsetzen bestätigt man, dass beide Funktionen Lösungen der DGL sind.

Satz 3.4.3: Sei

$$(x - \lambda_1)^{n_1} \cdot \ldots \cdot (x - \lambda_k)^{n_k} \cdot$$
$$(x - \lambda_{k+1})^{m_1} (x - \overline{\lambda_{k+1}})^{m_1} \cdot \ldots \cdot (x - \lambda_{k+l})^{m_l} (x - \overline{\lambda_{k+l}})^{m_l}$$

das charakteristische Polynom einer homogenen DGL n - ter Ordnung mit konstanten Koeffizienten . Hierbei seien $\lambda_1, \ldots, \lambda_k$ die paarweise verschiedenen reellen Nullstellen und $(\lambda_{k+1}, \overline{\lambda_{k+1}}), \ldots (\lambda_{k+1}, \overline{\lambda_{k+1}})$ die verschiedenen Paare nicht reeller konjugiert komplexer Nullstellen (n_i bzw. m_j sind dann die algebraischen Vielfachheiten). Es sei

$$\lambda_{k+j} = a_{k+j} + b_{k+j} i.$$

Dann bilden

$$e^{\lambda_1 x}, \ldots, x^{n_1 - 1} e^{\lambda_1 x}, \ldots, e^{\lambda_k x}, \ldots, x^{n_k - 1} e^{\lambda_k x}$$

und

$$e^{a_{k+1} x} \cos b_{k+1} x, x e^{a_{k+1} x} \cos b_{k+1} x, \ldots x^{m_1 - 1} e^{a_{k+1} x} \cos b_{k+1} x,$$

$$e^{a_{k+1} x} \sin b_{k+1} x, x e^{a_{k+1} x} \sin b_{k+1} x, \ldots x^{m_1 - 1} e^{a_{k+1} x} \sin b_{k+1} x,$$

...

$$e^{a_{k+l} x} \cos b_{k+l} x, x e^{a_{k+l} x} \cos b_{k+l} x, \ldots x^{m_l - 1} e^{a_{k+l} x} \cos b_{k+l} x,$$

$$e^{a_{k+l} x} \sin b_{k+l} x, x e^{a_{k+l} x} \sin b_{k+l} x, \ldots x^{m_l - 1} e^{a_{k+l} x} \sin b_{k+l} x$$

eine Basis des Lösungsraums der Differentialgleichung.

Zum Beweis von Satz 3.4.3: Die Anzahl der angegebenen Funktionen, die eine Basis bilden sollen, entspricht genau der Anzahl der Linearfaktoren - Vielfachheiten mitgezählt - des charakteristischen Polynoms der DGL. Grad des charakteristischen Polynoms und der Ordnung der DGL stimmen überein. Wegen Satz 3.4.2 genügt es daher zu zeigen, dass

a) die angegebenen Funktionen Lösungen der DGL sind und

b) dass sie linear unabhängig sind.

Um a) zu zeigen, verifizieren wir zunächst für $\lambda \in \mathbb{R}$

(i) $e^{-\lambda x}(D-\lambda)e^{\lambda x} = D$.

(ii) $e^{-\lambda x}(D-\lambda)^k e^{\lambda x} = D^k$.

(iii) Die DGL $(D-\lambda)^k(y) = 0$ besitzt die Lösungen $e^{\lambda x} \cdot p_{k-1}(x)$, wobei $p_{k-1}(x)$ ein beliebiges Polynom vom Grad $\leq k-1$ ist.

Beweis von (i): Sei y irgendeine Funktion von V.

$$e^{-\lambda x}(D-\lambda)e^{\lambda x}(y) = e^{-\lambda x}(D-\lambda)(e^{\lambda x}y)$$

$$= e^{-\lambda x}(\lambda e^{\lambda x}y + e^{\lambda x}y' - \lambda e^{\lambda x}y) = y' = D(y).$$

Also stimmen die linearen Abbildungen D und $e^{-\lambda x}(D-\lambda)e^{\lambda x}$ auf jedem Element von V überein, insbesondere auf jeder Basis und daher sind sie gleich.

Beweis von (ii): Aus (i) folgt

$$D \cdot D^{k-1} = e^{-\lambda x}(D-\lambda)e^{\lambda x} \cdot D^{k-1}.$$

Mit Induktion ergibt sich

$$D^k = e^{-\lambda x}(D-\lambda)\underbrace{e^{\lambda x}e^{-\lambda x}}_{=1}(D-\lambda)^{k-1}e^{\lambda x}$$

$$= e^{-\lambda x}(D-\lambda)^k e^{\lambda x}.$$

Beweis von (iii): Setze $y = e^{\lambda x} \cdot z$. Dann

$$0 = (D-\lambda)^k(y) = (D-\lambda)^k(e^{\lambda x}z) = (D-\lambda)^k e^{\lambda x}(z).$$

Aus (ii) folgt

$$0 = e^{-\lambda x}(D-\lambda)^k e^{\lambda x}(z) = D^k(z).$$

Daher ist z ein Polynom vom Grad $\leq k-1$. □

Ist λ eine k - fache Nullstelle von $\sum_{k=0}^{n} a_k x^k$, dann ist $\sum_{k=0}^{n} a_k D^k = (D-\lambda)^k \cdot p(D)$, wobei $p(D)$ ein Polynom vom Grad $n-k$ in D.

Somit $0 = \sum_{k=0}^{n} a_k D^k(y) = p(D) \cdot (D-\lambda)^k(y)$ und jede Lösung von $0 = (D-\lambda)^k(y)$ ist eine Lösung von $0 = \sum_{k=0}^{n} a_k D^k(y)$.

Daher ist jede Funktion der Form

$$p_{k-1}(x)e^{\lambda x}, \quad \text{wobei } p_{k-1}(x) \text{ ein Polynom vom Grad } \leq k-1 \text{ ist,}$$

eine Lösung der DGL $0 = \sum_{k=0}^{n} a_k D^k(y)$. Insbesondere sind

$$e^{\lambda x}, x \cdot e^{\lambda x}, \ldots, x^{k-1} \cdot e^{\lambda x}$$

Lösungen dieser DGL.

3.5 Inhomogene lineare DGL mit konstanten Koeffizienten

Völlig analog wie bei linearen Differentialgleichungen erster Ordnung sieht man:

Satz 3.5.1: Die allgemeine Lösung y_{inh} einer inhomogenen linearen DGL mit konstanten Koeffizienten ergibt sich aus der Addition einer partikulären Lösung y_p zu der allgemeinen Lösung der zugehörigen homogenen DGL, also

$$y_{inh} = y_{hom} + y_p.$$

Es stellt sich die Frage, wie man eine partikuläre Lösung erhält. Falls das Störglied $r(x)$ spezielle Gestalt besitzt, so kann man mit speziellen Ansätzen eine partikuläre Lösung finden.

Beispiel:

$$y'' + y' + y + x^2 = o.$$

Störfunktion ist also ein Polynom zweiten Grades.

Ansatz: $y = f(x) = ax^2 + bx + c$. Dann ist $y' = 2ax + b$ und $y'' = 2a$. Einsetzen in die DGL ergibt:

$$2a + 2ax + b + ax^2 + bx + c + x^2 = 0 \text{ bzw.}$$

$$(a+1)x^2 + (2a+b)x + 2a + b + c = 0.$$

Die Polynome $1, x, x^2$ sind l.u., also folgt das LGS

$$\begin{array}{ccccccc} \text{a} & & & & & = & \text{-1} \\ \text{2a} & + & \text{b} & & & = & 0 \\ \text{2a} & + & \text{b} & + & \text{c} & = & 0 \end{array}$$

Somit $a = -1, b = 2$ und $c = 0$. Also ist

$$y_p = -x^2 + 2x$$

eine partikuläre Lösung der DGL.

Lemma 3.5.2: Ist y_{p_1} eine partikuläre Lösung von $(\sum a_k D^k)(y) + r_1(x) = 0$ und ist y_{p_2} eine partikuläre Lösung von $(\sum a_k D^k)(y) + r_2(x) = 0$, dann ist

$$y_{p_1} + y_{p_2}$$

eine Lösung von $(\sum a_k D^k)(y) + r_1(x) + r_2(x) = 0$.

Beweis: Setze $L(D) = \sum a_k D^k$.. Dann folgt mit der Linearität des Operators $L(D)$

$$L(D)(y_{p_1} + y_{p_2}) = L(D)(y_{p_1}) + L(D)(y_{p_2}) = -r_1(x) - r_2(x),$$

also $L(D)(y_{p_1} + y_{p_2}) + r_1(x) + r_2(x) = 0.$ □

Satz 3.5.3: Gegeben sei die lineare DGL n - ter Ordnung mit konstanten Koeffizienten

$$\sum_{i=0}^{n} a_i y^{(i)} + r(x) = 0.$$

a) Sei

$$r(x) = p_d(x) e^{\lambda x}$$

mit $\lambda \in \mathbb{R}$, und $p_d(x)$ ein Polynom vom Grad d.

Ist λ eine k - fache Nullstelle, $k \in \mathbb{N}_0$, des charakteristischen Polynoms der DGL. Dann erhält man mit dem Ansatz

$$y_p = x^k \cdot q_d(x) \cdot e^{\lambda x},$$

wobei $q_d(x)$ ein Polynom vom Grad d ist, eine partikuläre Lösung der DGL.

b) Sei

$$r(x) = p_d(x)e^{ax}\cos bx$$

oder

$$r(x) = p_d(x)e^{ax}\sin bx$$

mit $a, b \in \mathbb{R}$ und $p_d(x)$ Polynom vom Grad d.

Ist $\lambda = a + bi$ eine k - fache Nullstelle $k \in \mathbb{N}_0$, des charakteristischen Polynoms der DGL. Dann erhält man mit dem Ansatz

$$y_p = x^k \cdot q_d(x) \cdot e^{ax}\cos bx + x^k \cdot r_d(x) \cdot e^{ax}\sin bx,$$

wobei $q_d(x)$ und $r_d(x)$ Polynome vom Grad d sind, eine partikuläre Lösung der DGL.

Bemerkungen:

a) Auch wenn die Störfunktion nur einen Sinusterm oder nur einen Kosinusterm enthält, ist beim Ansatz nach Teil b) des Satzes sowohl der Kosinusterm als auch der Sinusterm zu verwenden. Man vergleiche hierzu das zweite der folgenden Beispiele.

b) Das dem Satz 3.5.3 vorausgehende Lemma 3.5.2 erlaubt es partikuläre Lösungen von DGL zu ermitteln, deren Störfunktionen Summe einer Störfunktion von Teil a) und einer Störfunktion von Teil b) obigen Satzes sind, zum Beispiel für $r(x) = x + \sin x$.

c) Die Störfunktionen, die obiger Satz behandelt, sind vom gleichen Typ, wie jene Funktionen, die Lösung einer homogenen linearen DGL mit konstanten Koeffizienten sein können. Man sieht, dass in dem Fall, wenn die Störfunktion bereits zu den Lösungen der homogenen DGL gehört, sich die partikuläre Lösung mit dem Faktor x^k verstärkt, wobei k die Vielfachheit der relevanten Nullstelle ist. In der Technik bzw. der Physik nennt man dies *Resonanz*, die sich insbesondere bei Schwingungen so erklären läßt, dass eine Eigenschwingung eines Systems (eine homogene Lösung) durch gleich geartete Fremdeinwirkung (Störfunktion) verstärkt wird. Im Nichtresonanzfall entsteht dagegen durch die Störfunktion eine Dämpfung des physikalischen Systems.

Beispiele:

1. Wir betrachten nochmals obiges Beispiel

$$y'' + y' + y + x^2 = o.$$

Störfunktion ist also ein Polynom vom Grad $d = 2$. Es ist $r(x) = x^2 = x^2 e^{0x}$. 0 ist keine Nullstelle des charakteristischen Polynoms, also eine $k = 0$ - fache Nullstelle. Nach Teil a) obigen Satzes ergibt sich als Ansatz: $y_p = x^0 p_2(x) e^{0x} = p_2(x)$.

Man beachte, dass Satz 3.5.3 so zu interpretieren ist, dass er besagt, dass ein Polynom zweiten Grades eine partikuläre Lösung ist. Um diese zu bestimmen, setzt man dieses Polynom dann mit allgemeinen Koeffizienten an, also $y_p = p_2(x) = ax^2+bx+c$.

Dies ist genau der Ansatz mit dem obiges Beispiel gerechnet wurde.

2.

$$y'' + y + \sin x = 0.$$

Das charakteristische Polynom ist $x^2 + 1$, besitzt also die Nullstellen $\pm i$. Die Störfunktion hat die Gestalt $\sin x = p_0(x) \cdot e^0 \cdot \sin 1x$ mit $p_0(x) = 1$ und i ist einfache Nullstelle, also $k = 1$.

Dann ergibt sich aus Satz 3.5.3 als Ansatz:

$$y_p = xq_0(x) \cos x + xr_0(x) \sin x,$$

wobei $q_0(x)$ und $r_0(x)$ Polynome vom Grad 0 sind, also $q_0(x) = a, r_0(x) = b$ bzw.

$$y_p = xa \cos x + xb \sin x.$$

Einsetzen und Koeffizientenvergleich ergibt dann

$$y_p = \frac{1}{2} x \cos x.$$

3.

$$y'' + y' + y + x \cdot e^{-\frac{1}{2}x} \cdot \sin \frac{\sqrt{3}}{2} x = 0.$$

$-\frac{1}{2} \pm \frac{\sqrt{3}}{2} i$ sind die Nullstellen von x^2+x+1. Ihre Vielfachheit ist 1. Die Störfunktion $r(x)$ ist vom Typ

$$r_1(x) e^{ax} \sin bx, \text{ mit } a = -\frac{1}{2}, b = \frac{\sqrt{3}}{2}.$$

$a + bi$ ist eine einfache Nullstelle und dies ergibt nach Teil b) des Satzes 3.5.3 als Ansatz:

$$y_p = x^1 q_1(x) e^{-\frac{1}{2}x} \cdot \cos \frac{\sqrt{3}}{2} x + x^1 r_1(x) e^{-\frac{1}{2}x} \cdot \sin \frac{\sqrt{3}}{2} x.$$

es sind dann noch $q_1(x) = ax + b$ und $r_1(x) = cx + d$ zu setzen. Dies ergibt:

$$y_p = x(ax+b)e^{-\frac{1}{2}x} \cdot \cos\frac{\sqrt{3}}{2}x + x(cx+d)e^{-\frac{1}{2}x} \cdot \sin\frac{\sqrt{3}}{2}x.$$

Differenzieren und Einsetzen dieses Ansatzes dient dann als *abschreckendes Beispiel* der Ansatzmethode, die auch bei speziellen rechten Seiten nicht immer die beste Methode ist.

Es soll als nächstes eine direkte Methode - das sogenannte *Grundlösungsverfahren* , auch *Green'sche Methode* genannt - zur Berechnung von partikulären Lösungen von Differentialgleichungen mit konstanten Koeffizienten vorgestellt werden.

Satz 3.5.4: Sei die DGL

$$y^{(n)} + a_{n-1}y^{(n-1)} + \ldots + a_o y + r(x) = 0$$

gegeben. Die Störfunktion $r(x)$ sei stetig. Bezeichne y jene Lösung der zugehörigen homogenen Gleichung, die den Anfangsbedingungen

$$y(0) = y'(0) = \ldots = y^{(n-2)}(0) = 0, \quad y^{(n-1)}(0) = 1$$

genügt. Dann ist

$$y_p(x) = -\int_0^x y(x-t)r(t)\,dt$$

eine partikuläre Lösung der inhomogenen Differentialgleichung.

Die Funktion $y(x-t)$ nennt man *Grundlösung* oder auch *Greensche Funktion* .

Zum **Beweis von Satz 3.5.4** wird folgende Formel für parameterabhängige Integrale benötigt.

Lemma 3.5.5: Sei $f(x,t)$ stetig partiell nach x differenzierbar und eine für festgewählten Parameter x integrierbare Funktion von t. Ferner seien $\psi(x)$ und $\varphi(x)$ stetig differenzierbar.

$$\frac{d}{dx}\int_{\varphi(x)}^{\psi(x)} f(x,t)\,dt = \int_{\varphi(x)}^{\psi(x)} \frac{d}{dx}f(x,t)\,dt = \psi'(x)f(x,\psi(x)) - \varphi'(x)f(x,\varphi(x)).$$

Setze nun $\varphi(x) = 0, \psi(x) = x$ und $f(x,t) = y(x-t)r(t)$. Dann ist $f(x,\psi(x)) = y(x-x)r(\psi(x)) = y(0)r(\psi(x)) = 0$. Es folgt, dass $\psi'(x)f(x,\psi(x)) = 1 \cdot 0 = 0$. Ferner ist $\varphi'(x) = 0$. Somit ergibt Lemma 3.5.5 (die Voraussetzungen sind erfüllt, wenn $r(x)$ als stetig angenommen wird; die Lösung von homogenen DGL mit konstanten Koeffizienten sind beliebig oft stetig differenzierbar und das Produkt $y(x-t)r(t)$ ist dann stetig und daher integrierbar)

$$y_p'(x) = -\int_0^x y'(x-t)r(t)\,dt.$$

Analog ergibt sich

$$y_p''(x) = -\int_0^x y''(x-t)r(t)\,dt.$$

$$\ldots$$

$$y_p^{(n-1)}(x) = -\int_0^x y^{(n-1)}(x-t)r(t)\,dt.$$

$$y_p^{(n)}(x) = -\int_0^x y^{(n)}(x-t)r(t)\,dt - r(x),$$

wobei bei der letzten Gleichung in der Anwendung des Lemmas zu beachten ist, dass $\psi'(x)f(x,\psi(x)) = 1\cdot f(x,x) = 1\cdot y^{(n-1)}(x-x)r(x) = y^{(n-1)}(0)r(x) = r(x)$ ist, da die Anfangsbedingung bei der $(n-1)$ - ten Ableitung von y nach Voraussetzung 1 ist.

Einsetzen der Ableitungen von y_p in die DGL ergibt:

$$-r(x) - \int_0^x y^{(n)}(x-t)r(t)dt - a_{n-1}\int_0^x y^{(n-1)}(x-t)r(t)dt - \ldots - a_0\int_0^x y(x-t)r(t)dt + r(x) =$$

$$-\int_0^x \Big(\underbrace{y^{(n)}(x-t) + a_{n-1}y^{(n-1)}(x-t)dt - \ldots + a_0 y(x-t)}_{=0,\text{ da } y \text{ Lösung der homogenen DGL}}\Big) r(t)\,dt =$$

$$= -\int_0^x 0\,dt = 0.$$

Also ist y_p eine Lösung der inhomogenen Gleichung. □

Beispiel:

$$y'' + y - \frac{1}{\cos x} = 0, \quad -\frac{\pi}{2} < x < \frac{\pi}{2}.$$

Dann ist

$$y_{hom} = c_1 \sin x + c_2 \cos x, \;\; y'_{hom} = c_1 \cos x - c_2 \sin x.$$

Die Lösung mit den Anfangsbedingungen $y(0) = 0, y'(0) = 1$ lautet dann $y(x) = \sin x$. Nach obigem Satz erhält man dann

$$y_p(x) = -\int_0^x \sin(x-t) \cdot (-\frac{1}{\cos t})\, dt.$$

Mit Hilfe von $\sin(x-t) = \sin x \cos t - \cos x \sin t$ ergibt sich

$$y_p(x) = \int_0^x (\sin x - \cos x \tan t)\, dt = \Big[t \sin x + \cos x \cdot \ln|\cos t| \Big]_0^x = x \sin x + \cos x \cdot \ln|\cos x|.$$

Wegen $-\frac{\pi}{2} < x < \frac{\pi}{2}$ gilt $\ln|\cos x| = \ln \cos x$ und die allgemeine Lösung der inhomogenen DGL ist

$$y_{inh} = c_1 \sin x + c_2 \cos x + x \sin x + \cos x \ln \cos x.$$

3.6 Variation der Konstanten

In diesem Abschnitt werden wir eine spezielle Methode kennenlernen, mit der - nicht nur bei Differentialgleichungen mit konstanten Koeffizienten - eine partikuläre Lösung der inhomogenen Gleichung bestimmt werden kann. Diese Methode nennt man die *Variation der Konstanten*. Wir werden sie jedoch zunächst hauptsächlich bei DGL mit konstanten Koeffizienten anwenden.

Gegeben sei eine DGL n - ter Ordnung der Form

$$y^{(n)} + a_{n-1}(x) y^{(n-1)} + \ldots + a_1(x) y' + a_0(x) y + r(x) = 0,$$

also eine *lineare DGL n - ter Ordnung* mit i.A. nicht konstanten Koeffizienten. Wir nehmen an, dass die allgemeine Lösung der zugehörigen homogenen DGL bekannt ist. Sie sei

$$y_{hom} = \sum_{i=1}^{n} c_i \cdot y_i(x).$$

Unter der Variation der Konstanten versteht man dann den Ansatz

$$y_p(x) = \sum_{i=1}^{n} c_i(x) \cdot y_i(x),$$

es werden also die Konstanten c_i der allgemeinen Lösung der homogenen Gleichung variiert zu Funktionen $c_i(x)$.

Zur Vereinfachung wird im folgenden bei den auftretenden Funktionen das Argument „(x) "weggelassen.

Aus dem Ansatz ergibt sich

$$y'_p = \sum_{i=1}^{n} c'_i y_i + \sum_{i=1}^{n} c_i y'_i.$$

Verlangt man

$$((1)) \qquad \sum_{i=1}^{n} c'_i y_i = 0,$$

so folgt

$$y'_p = \sum_{i=1}^{n} c_i y'_i.$$

Hieraus erhält man

$$y''_p = \sum_{i=1}^{n} c'_i y'_i + \sum_{i=1}^{n} c_i y''_i.$$

Mit der Bedingung

$$((2)) \qquad \sum_{i=1}^{n} c'_i y'_i = 0$$

läßt sich dieser Prozess iterieren und man erhält insgesamt unter den $n-1$ Nebenbedingungen

$$((k)) \qquad \sum_{i=1}^{n} c_i' y_i^{(k-1)} = 0 \quad 1 \leq k \leq n-1,$$

dass

$$y_p^{(k)} = \sum_{i=1}^{n} c_i y_i^{(k)} \quad 1 \leq k \leq n-1.$$

Einsetzen in die DGL ergibt:

$$(*) \qquad \underbrace{\sum_{i=1}^{n} c_i' y_i^{(n-1)} + \sum_{i=1}^{n} c_i y_i^{(n)}}_{=y_p^{(n)}} + \sum_{k=0}^{n-1} a_k \cdot \underbrace{\sum_{i=1}^{n} c_i y_i^{(k)}}_{a_k \cdot y_p^{(k)}} + r = 0.$$

Beachte nun, dass nach dem Ansatz $\sum_{i=1}^{n} c_i y_i$ Lösung der homogenen Gleichung ist, d.h. es gilt für jedes festgewählte x_1 und jedes beliebige x, dass

$$\sum_{i=1}^{n} c_i(x_1) y_i^{(n)}(x) + \sum_{k=0}^{n-1} a_k \sum_{i=1}^{n} c_i(x_1) y_i^{(k)}(x) = 0$$

ist, denn die Konstanten in der allgemeinen Lösung der zugehörigen homogenen DGL sind völlig beliebig. Insbesondere gilt diese Gleichung auch für $x_1 = x$. Setzt man also

$$\sum_{i=1}^{n} c_i(x) y_i^{(n)}(x) + \sum_{k=0}^{n-1} a_k \sum_{i=1}^{n} c_i(x) y_i^{(k)}(x) = 0$$

in (*) ein, so ergibt sich schließlich die Nebenbedingung

$$((n)) \qquad \sum_{i=1}^{n} c_i' y_i^{(n-1)} + r = 0.$$

Die Bedingungen ((1)) - ((n)) stellen für c_i' ein inhomogenes lineares Gleichungssystem dar, welches lösbar ist, da die Funktionen $y_1, \ldots, y_n$ als Basis des Lösungsraums der homogenen Gleichung l.u. sind (hierzu vergleiche man Satz 4.1.3). Durch Lösen des LGS ergeben sich $c_1'(x), \ldots, c_n'(x)$. Integration liefert dann $c_1(x), \ldots, c_n(x)$ und somit

$$y_p(x) = \sum_{i=1}^{n} c_i(x) y_i(x).$$

Beispiel 1:

$$y'' + y + \sin x = 0.$$

Die Lösung des homogenen Systems

$$y_{hom} = c_1 \cos x + c_2 \sin x$$

ergibt als Ansatz

$$y_p = c_1(x) \cos x + c_2(x) \sin x.$$

Für c_1', c_2' erhält man das LGS

$$\begin{array}{lcrcl} c_1'y_1 & + & c_2'y_2 & & = & 0 \\ c_1'y_1' & + & c_2'y_2' & +r(x) & = & 0 \end{array}$$

bzw. eingesetzt mit $y_1 = \cos x, y_2 = \sin x, r(x) = \sin x$

$$\begin{array}{llcrcrcl} ((1)) & c_1' \cos x & + & c_2' \sin x & & & = & 0 \\ ((2)) & -c_1' \sin x & + & c_2' \cos x & + & \sin x & = & 0 \end{array}$$

Als Lösung des LGS errechnet sich $c_1' = \sin^2 x, c_2' = -\sin x \cos x$ und nach Integration folgt

$$c_1 = \frac{1}{2}x - \frac{1}{2} \sin x \cos x \text{ und } c_2 = -\frac{1}{2} \sin^2 x.$$

Also

$$y_p = \frac{1}{2}x \cos x - \frac{1}{2} \sin x \cos^2 x - \frac{1}{2} \sin x \sin^2 x = \frac{1}{2}x \cos x - \frac{1}{2} \sin x.$$

Beispiel 2: Von der DGL

$$y'' + y - \frac{1}{\cos x} = 0 \text{ mit } -\frac{\pi}{2} < x < \frac{\pi}{2}$$

wurde bereits im vorigen Abschnitt mit dem Grundlösungsverfahren eine partikuläre Lösung berechnet. Zum Vergleich wenden wir auf diese Gleichung die Variation der Konstanten an.

Ansatz: $\quad y_p(x) = c_1(x) \cos x + c_2(x) \sin x.$

Es ergibt sich das LGS

$$\begin{array}{rcrcl} c_1' \cdot \cos x & + & c_2' \cdot \sin x & = & 0 \\ c_1' \cdot (-\sin x) & + & c_2' \cdot \cos x & = & \frac{1}{\cos x} \end{array}$$

Hieraus folgt $c_2' = 1$ und $c_1' = -\tan x$. Also $c_2 = x$ und $c_1 = \ln \cos x$. Daher

$$y_p = \ln(\cos x) \cdot \cos x + x \cdot \sin x.$$

3.7 Bemerkungen zu linearen DGL n - ter Ordnung mit nicht konstanten Koeffizienten

Es gilt zunächst völlig gleich lautend wie bei konstanten Koeffizienten

Satz 3.7.1: Gegeben sei die lineare DGL n - ter Ordnung

$$y^{(n)} + a_{n-1}(x)y^{(n-1)} + \ldots + a_1(x)y' + a_0(x)y + r(x) = 0.$$

Der Lösungsraum der zugehörigen homogenen DGL bildet einen n - dimensionalen $\mathbb{R}$ - Vektorraum.

Reduktion der Ordnung: Ist $y_1(x)$ eine Lösung der zugehörigen homogenen Gleichung, so läßt sich die Ordnung der DGL unter Beibehaltung der Linearität verringern. Hierzu setzt man

$$y_r(x) = y_1(x) \cdot u(x).$$

Beispiel:

$$y'' + \frac{1}{x}y' - \frac{4}{x^2}y = 0, \quad x > 0.$$

$y_1 = x^2$ ist eine Lösung, wie man leicht durch Einsetzen sieht. Also $y_r(x) = x^2 \cdot u(x)$ und somit

$$y_r' = 2xu + x^2u', y_r'' = 2u + 2xu' + 2xu' + x^2u'' = 2u + 4xu' + x^2u''.$$

Einsetzen in die DGL ergibt:

$$2u + 4xu' + x^2u'' + \frac{1}{x}(2xu + x^2u') - \frac{4}{x^2}x^2 \cdot u = 4xu' + x^2u'' + xu' = 0.$$

Setzt man $v = u'$, so erhält man für v folgende DGL 1. Ordnung:

$$v' + \frac{5}{x} v = 0.$$

Diese besitzt die Lösung $v = C \cdot e^{-5 \ln |x|} = C \cdot x^{-5}$ (man beachte, dass $x > 0$ vorausgesetzt wurde).

Für u ergibt sich dann durch Integration $u = k \cdot x^{-4} + k_1, k, k_1 \in \mathbb{R}$. Daher ist

$$y_r(x) = x^2 \cdot u(x) = k \cdot x^{-2} + k_1 x^2$$

eine Lösung der DGL 2. Ordnung. Da x^2 bereits als Lösung bekannt ist, kann man $k_1 = 0$ setzen. Mit $k = 1$ ergibt sich dann x^{-2} als weitere zu x^2 linear unabhängige Lösung. Die allgemeine Lösung der homogenen DGL lautet dann:

$$y_{hom} = c_1 \cdot x^2 + c_2 \cdot x^{-2}.$$

Allgemeiner gilt für homogene lineare DGL n - ter Ordnung folgende Reduktion:

Satz 3.7.2: Erfüllt $u(x)$ die DGL

$$(**) \qquad \sum_{k=1}^{n} \Big(\sum_{j=k}^{n} \binom{j}{k} a_j(x) y_1^{(j-k)}(x) \Big) u^{(k)} = 0$$

und ist y_1 eine Lösung von

$$(*) \qquad \sum_{j=0}^{n} a_j(x) y^{(j)} = 0$$

dann ist auch

$$y(x) = y_1(x) \cdot u(x)$$

eine Lösung von der DGL (*).

Man beachte, dass die DGL (**) für $u'(x)$ eine homogene lineare DGL $n-1$ - ter Ordnung ist, deren Gestalt durch die Ausgangsgleichung (*) bestimmt ist, falls man eine Lösung $y_1(x)$ von (*) kennt.

Beweis von Satz 3.7.2:

$$0 = \sum_{k=1}^{n} \Big(\sum_{j=k}^{n} \binom{j}{k} a_j(x) y_1^{(j-k)}(x) \Big) u^{(k)} = \sum_{k=0}^{n} \Big(\sum_{j=k}^{n} \binom{j}{k} a_j(x) y_1^{(j-k)}(x) \Big) u^{(k)},$$

denn $\sum_{j=0}^{n} \binom{j}{0} a_j(x) y_1^{(j)}(x) = 0$, da y_1 eine Lösung der homogenen DGL ist.

Mit Umsummieren folgt

$$0 = \sum_{j=0}^{n} a_j(x) \left(\sum_{k=0}^{j} \binom{j}{k} y_1^{(k)}(x) u^{((j-k)}(x) \right) = \sum_{j=0}^{n} a_j(x)(y_1 u)^{(j)}(x).$$

Also ist $y = y_1 \cdot u$ eine Lösung der DGL. □

Bemerkung. Bei der letzten Gleichung im Beweis von Satz 3.7.2 wurde die *Leibniz'sche Differentiationsformel*

$$(fg)^{(n)} = \sum_{k=0}^{n} \binom{n}{k} f^{(k)} g^{(n-k)}$$

für n - mal stetig differenzierbare Funktionen f und g verwendet. Die Formel beweist man leicht mit Hilfe der Produktregel und Induktion.

Ist eine inhomogene lineare DGL n - ter Ordnung gegeben und hat man auf die oben beschriebene Weise eine Lösung der zugehörigen homogenen Gleichung gefunden, so kann man zur Bestimmung einer partikulären Lösung Variation der Konstanten verwenden.

Beispiel:

$$y'' + \frac{1}{x}y' - \frac{4}{x^2}y - x = 0, \quad x > 0.$$

Nach obigem Beispiel ist

$$y_{hom} = c_1 x^2 + c_2 x^{-2}$$

die allgemeine Lösung der zugehörigen homogenen Gleichung.

Variation der Konstanten, d.h. der Ansatz $y_p = c_1(x) \cdot x^2 + c_2(x) \cdot x^{-2}$ führt auf das LGS

$$\begin{array}{lcllcl} c_1' \cdot x^2 & + & c_2' \cdot \frac{1}{x^2} & & = & 0 \\ c_1' \cdot 2x & + & c_2' \cdot \frac{-2}{x^3} & -x & = & 0 \end{array}$$

Als Lösungen des LGS ergeben sich $\quad c_1' = \frac{1}{4} \qquad c_2' = -\frac{x^4}{4}.$

Mit Integration folgt: $\quad c_1 = \frac{1}{4}x \qquad c_2 = -\frac{x^5}{20}.$ Somit ist

$$y_p = \frac{1}{4}x \cdot x^2 - \frac{x^5}{20} \cdot \frac{1}{x^2} = \frac{1}{5}x^3.$$

3.8 Exakte Differentialgleichungen

Eine Differentialgleichung der Form

$$p(x,y) + q(x,y) \cdot y' = 0 \qquad (q(x,y) \neq 0)$$

mit $p, q \in C^1(D)$, D einfach zusammenhängend und $p_y = q_x$ nennt man *exakte* Differentialgleichung. Es handelt sich hier um einen speziellen Typ von Differentialgleichungen, deren Lösungen mit Hilfe der Potentialtheorie aus §1 bestimmt werden können.

Satz 3.8.1 : Die Lösungen einer exakten Differentialgleichung (die Bezeichnungen seien wie oben gewählt) ergeben sich als Lösungen von $f(x, y(x)) = c =$ const. , wenn f eine Potentialfunktion von

$$g(x,y) = \begin{pmatrix} p(x,y) \\ q(x,y) \end{pmatrix} \text{ ist.}$$

Bemerkung zum Beweis: Die Lösung der Differentialgleichung ist in $f(x, y(x)) = c$ implizit gegeben. Der Nachweis, dass es sich um eine Lösung handelt, ergibt sich leicht durch implizites Ableiten. Unter *implizitem Ableiten* versteht man folgende Konsequenz aus der Kettenregel, siehe [Analysis, Kimmerle/Stroppel, 4.8.3].

Seien $y : \mathbb{R} \longrightarrow \mathbb{R}$ und $f : \mathbb{R}^2 \longrightarrow \mathbb{R}$ stetig differenzierbare Funktionen. Die Funktion $y = y(x)$ sei implizit durch die Gleichung

$$f(x, y(x)) = k \quad \text{mit } k \in \mathbb{R}$$

gegeben. Definiere $\tilde{y} : \mathbb{R} \longrightarrow \mathbb{R}^2$ durch $x \mapsto (x, y(x))^\top$. Dann gilt für die Ableitung der Komposition $f \circ \tilde{y}$ nach der Kettenregel

$$(f \circ \tilde{y})' = (1, y') \cdot (f_x, f_y)^\top = f_x + y' f_y.$$

Angewandt auf die Gleichung $f(x, y(x)) = k$ folgt dann $f_x + y' f_y = 0$ und aufgelöst nach y' ergibt sich explizit

$$y' = -\frac{f_x}{f_y}.$$

Zurück zum Beweis von 3.8.1: Nimmt man an, dass f eine Potentialfunktion für g ist, dann gilt mit $f_x = p(x,y)$ bzw. $f_y = q(x,y)$, dass

$$p(x,y) + y' q(x,y) = 0.$$

Also ist $y = y(x)$ eine Lösung der gegebenen Differentialgleichung.
Da D einfach zusammenhängend vorausgesetzt war, folgt nach §1 aus $p_y = q_x$ die Existenz einer Potentialfunktion.

Beispiele: a)

$$xy + \frac{x^2}{2}y' = 0$$

definiert für $\mathbb{R}^2$. Mit $p(x,y) = xy, q(x,y) = \frac{x^2}{2}$ und $p_y = x = q_x$ folgt, dass diese DGL exakt ist. Eine Berechnung von f gemäß Abschnitt 1.1 führt zu

$$f(x,y) = \frac{x^2y}{2} + k.$$

b)

$$\frac{1}{\sqrt{x}} + 2xy^2 + 2yx^2y' = 0 \qquad (x > 0).$$

Es ist $p_y = 4xy = q_x$, also ist die DGL exakt. Als Lösung errechnet sich

$$2\sqrt{x} + x^2y^2 = k.$$

Implizites Ableiten (zur Probe) ergibt die Gleichung

$$2x \cdot y^2 + x^2 \cdot 2yy' + \frac{1}{\sqrt{x}} = 0,$$

die mit der Ausgangsgleichung übereinstimmt.

Falls $p(x,y)+q(x,y)\cdot y' = 0$ nicht exakt ist, so kann man durch Multiplikation der DGL mit einer geeigneten Funktion $\mu(x,y)$ versuchen Exaktheit zu erreichen. Man beachte, dass die Lösungsvielfalt der DGL beim Durchmultiplizieren mit einer invertierbaren Funktion, erhalten bleibt. Wenn dadurch die DGL in eine exakte DGL übergeht, nennt man $\mu(x,y)$ *integrierenden Faktor.*

Nach Multiplikation beider Seiten mit $\mu(x,y)$ ergibt sich

$$\underbrace{\mu(x,y) \cdot p(x,y)}_{:=\tilde{p}(x,y)} + \underbrace{\mu(x,y) \cdot q(x,y)}_{:=\tilde{q}(x,y)} \cdot y' = 0.$$

Exaktheit bedeutet dann

$$\tilde{p}_y = \mu_y \cdot p + \mu \cdot p_y, \quad \tilde{q}_x = \mu_x \cdot q + \mu \cdot q_x.$$

Somit muss ein integrierender Faktor μ der folgenden partiellen Differentialgleichung genügen (eine DGL nennt man partiell, wenn sie partielle Ableitungen der zu bestimmenden Funktion involviert):

$$\mu_y \cdot p + \mu \cdot p_y = \mu_x \cdot q + \mu \cdot q_x.$$

Partielle Differntialgleichungen werden erst in §6 eingehender studiert. Nimmt man (zur Vereinfachung) an, dass μ nur von x abhängt, dann ist $\mu_y = 0$ und es ergibt sich:

$$\mu \cdot p_y = \mu_x \cdot q + \mu \cdot q_x \text{ bzw. } \frac{p_y - q_x}{q} = \frac{\mu_x}{\mu}.$$

Analog erhält man, wenn μ nur von y abhängt,

$$\mu_y \cdot p + \mu \cdot p_y = \mu \cdot q_x \text{ bzw. } \frac{-(p_y - q_x)}{p} = \frac{\mu_y}{\mu}.$$

Beispiel: Die DGL $(1 - x^2 y) + (x^2 y - x^3)y' = 0$ ist nicht exakt, da $p_y = -x^2, q_x = 2xy - 3x^2$. Versucht man einen integrierenden Faktor zu bestimmen, der nur von x abhängt, so führt dies auf $\frac{\mu_x}{\mu} = (-2)\frac{1}{x}$.

Es folgt (z.B. mit Separieren), dass $\mu = \frac{1}{x^2}$ eine Lösung ist (es genügt eine Lösung zu finden) und nach Durchmultiplizieren mit μ ergibt sich dann die exakte DGL

$$\frac{1}{x^2}(1 - x^2 y) + (y - x)y' = 0,$$

die dann mit Hilfe von Satz 3.8.1 gelöst werden kann. Es ergibt sich dann, dass eine Lösung die Gleichung

$$-\frac{1}{x} - xy + \frac{1}{2}y^2 = k$$

erfüllt.

Kapitel 4

Differentialgleichungssysteme

4.1 Grundbegriffe, Existenz- und Eindeutigkeitsaussagen

Unter einem linearen DGL - System 1. Ordnung versteht man ein System von linearen Differentialgleichungen 1. Ordnung der Form

$$
\begin{aligned}
y_1' &= a_{11}(x)y_1 + \ldots + a_{1n}(x)y_n + b_1(x)\\
y_2' &= a_{21}(x)y_1 + \ldots + a_{2n}(x)y_n + b_2(x)\\
&\ldots\\
y_n' &= a_{n1}(x)y_1 + \ldots + a_{nn}(x)y_n + b_n(x),
\end{aligned}
$$

hierbei sind $a_{ij}(x)$ und $b_i(x)$ stetige Funktionen von einem Intervall I nach $\mathbb{R}$. In der Regel lassen wir bei $y_i = y_i(x)$ das Argument „x “weg.

In Matrixschreibweise: Mit $Y = \begin{pmatrix} y_1 \\ \vdots \\ y_n \end{pmatrix}$, $Y' = \begin{pmatrix} y_1' \\ \vdots \\ y_n' \end{pmatrix}$, $B(x) = \begin{pmatrix} b_1(x) \\ \vdots \\ b_n(x) \end{pmatrix}$ und

$$A(x) = \Big(a_{ij}(x)\Big)_{1\le i\le n, 1\le j\le n} = \begin{pmatrix} a_{11}(x) & \ldots & a_{1n}(x) \\ \vdots & \vdots & \vdots \\ a_{n1}(x) & \ldots & a_{nn}(x) \end{pmatrix}$$

schreibt sich das System als

$$Y' = A(x)Y + B(x).$$

Wir bezeichnen Vektoren, deren Komponenten Funktionen sind, im folgenden mit großen Buchstaben. Wenn die Referenz zu „x "erorderlich ist, schreiben wir $Y(x) = Y$ bzw.

$Y = \begin{pmatrix} y_1(x) \\ \vdots \\ y_n(x) \end{pmatrix}$ ist. Analog gilt dies auch für $Y'(x) = Y'$. In der Regel wird aber bei Y bzw. Y' das Argument „x "zur Vereinfachung weggelassen.

Man nennt das DGL - System homogen, wenn $B(x) = 0$ ist. Ansonsten heißt das System inhomogen. Der Begriff Anfangswertproblem überträgt sich analog auf DGL - Systeme.

Um zu Lösbarkeitsaussagen über DGL -Systeme zu gelangen, werden zunächst Existenz- und Eindeutigkeitsaussagen zu einzelnen Differentialgleichungen zusammengestellt.

Gegeben sei ein Anfangswertproblem der Form

$$y' = f(x, y), \qquad f(x_0) = y_0 \ .$$

Dann stellt sich die Frage unter welchen Bedingungen an f bzw. an den Anfangspunkt (x_0, y_0) gibt es Lösungen und wenn ja, wann ist diese eindeutig. Die Existenz für stetiges f ist ein Resultat von Peano.

Satz 4.1.1: Die Funktion $f : \mathbb{R}^2 \longrightarrow \mathbb{R}$ sei für $a, b \in \mathbb{R}$ im Rechteck

$$R := \{(x, y); |x - x_0| \leq a, |y - y_0| \leq b\}$$

stetig. Dann hat das Anfangswertproblem

$$y' = f(x, y), \qquad y(x_0) = y_0$$

eine Lösung, die sich bis auf den Rand des Rechtecks von R fortsetzt.

Stetigkeit von f allein genügt jedoch nicht für Eindeutigkeit der Lösung. Das folgende Resultat, welches auf Picard und Lindelöf zurückgeht, gibt hierfür eine Antwort, die für eine große Klasse von Anfangswertproblemen eine positive Antwort zumindest in einer abschätzbaren Umgebung von (x_0, y_0) erlaubt.

Satz 4.1.2: Die Funktion $f : \mathbb{R}^2 \longrightarrow \mathbb{R}$ sei für $a, b \in \mathbb{R}$ im Rechteck

$$R := \{(x, y); |x - x_0| \leq a, |y - y_0| \leq b\}$$

stetig und dort nach y stetig partiell differenzierbar. Ferner seien $m = \max_{(x,y)\in R}|f(x, y)|$ und $h = \min(a, \frac{b}{m})$. Dann gibt es in der Umgebung $U_h(x_0) = \{x; |x - x_0| < h\}$ von x_0

genau eine Lösung des Anfangswertproblems

$$y' = f(x,y), \qquad y(x_0) = y_0 \, .$$

Die Voraussetzung von Satz 4.1.2 , die Forderung nach stetig partieller Differenzierbarkeit bezüglich y, läßt sich auf eine sogenannte Lipschitzbedingung abschwächen, vgl. z.B [Burg-Haf-Wille Band III].

Die folgende Aussage für DGL - Systeme entspricht dem Satz von Picard - Lindelöf für Differentialgleichungen. Ihr Beweis beruht auf jenem des Satzes 4.1.2. Im Gegensatz zur Aussage des Satzes von Picard- Lindelöf, der unter allgemeineren Voraussetzungen gilt, ist hier die Existenz- und Eindeutigkeitsaussage für Lösungen aber nicht nur lokal, d.h. in einer Umgebung von einem Punkt, sondern global für das ganze Intervall.

Satz 4.1.3: Sei $x_0 \in I$ und $y_0 = (y_{01}, \dots, y_{0n})^\top$ ein beliebiger Punkt des $\mathbb{R}^n$. Dann gibt es auf dem ganzen Intervall I genau eine Lösung des Anfangswertproblems

$$Y' = A(x)Y + B(x), \quad \text{mit } Y(x_0) = Y_0.$$

Beim Nachweis der Dimension des Lösungsraums von homogenen linearen Differentialgleichungen bzw. von homogenen linearen DGL - Systemen 1.Ordnung geht Satz 4.1.2 entscheidend ein. Man verifiziert zunächst ziemlich leicht, dass die Lösungen einen Vektorraum bilden, vgl. auch Abschnitte 3.2. und 3.4. Ist nun eine lineare DGL 1. Ordnung gegeben, dann gibt man einen 1 -dimensionalen Raum von Lösungen konkret an und verifiziert, dass durch jeden Punkt genau eine Lösung dieses 1 - dimensionalen Raumes von Lösungen geht. Aus dem Existenz- und Eindeutigkeitssatz folgt dann, dass es keine weiteren Lösungen geben kann. Die Dimensionsaussage für lineare DGL 1.Ordnung hat für lineare DGL - Systeme 1.Ordnung mit n Gleichungen zur Folge, dass deren Lösungsraum die Dimension n besitzt. Lineare DGL höherer Ordnung lassen sich dann, vgl. Abschnitt 4.4, als DGL - Systeme 1.Ordnung auffassen und die Dimensionsaussage überträgt sich dann unmittelbar auf solche DGL.

Satz 4.1.4: Die Lösungen eines homogenen linearen DGL - Systems 1. Ordnung bilden einen n - dimensionalen Vektorraum (man beachte, dass per definitionem n die Anzahl der Gleichungen des Systems war).

Ein System von n - linear unabhängigen Lösungen eines homogenen Systems $Y' = A(x)Y$, also eine Basis des Lösungsraums, nennt man in Analogie zur Theorie von linearen Gleichungssystemen ein *Fundamentalsystem.* Es seien $Y_1(x), \dots, Y_n(x)$ Lösungen eines homogenen linearen DGL - Systems 1.Ordnung. Sei $W(x)$ jene $n \times n$ - Matrix, deren Spalten die Vektoren $Y_i(x)$ sind, also

$$W(x) = (Y_1(x), Y_2(x), \dots, Y_n(x)).$$

Dann nennt man $\det W(x)$ ihre *Wronski - Determinante.*

Satz 4.1.5: Seien $Y_1, \ldots, Y_n$ Lösungen des homogenen Systems

$$Y' = A(x)Y$$

auf dem Intervall I. Dann bilden sie genau dann ein Fundamentalsystem, wenn für ein x_0 gilt

$$\det W(x_0) \neq 0.$$

Ist für ein x_0 die Wronski -Determinante $\det W(x_0) = 0$, dann ist $\det W(x) = 0$ für alle $x \in I$.

Beweis: Sei $\det W(x_0) \neq 0$ für ein $x_0 \in I$. Dann sind die Vektoren $Y_1(x_0), \ldots, Y_n(x_0)$ als Vektoren von $\mathbb{R}^n$ linear unabhängig.
Sei $c_1 Y_1(x) + \ldots + c_n Y_n(x) = 0 \ \forall x \in I$. Dann gilt dies insbesondere für $x = x_0$. Da $Y_1(x_0), \ldots, Y_n(x_0)$ l.u. ,folgt, dass $c_1 = \ldots = c_n = 0$. Also sind die Funktionsvektoren $Y_1(x), \ldots, Y_n(x)$ linear unabhängig.
Annahme $Y_1, \ldots, Y_n$ seien linear unabhängig und es sei $\det W(x) = 0$ für jedes $x \in I$. Sei $x_0 \in I$. Wegen $\det W(x_0) = 0$ gibt es $c_i \in \mathbb{R}$ mit

$$(*) \quad c_1 Y_1(x_0) + \ldots + c_n Y_n(x_0) = 0$$

und nicht alle c_i sind 0. Andererseits ist

$$\tilde{Y}(x) \;=\; c_1 Y_1(x) + \ldots + c_n Y_n(x)$$

eine Lösung des DGL - Systems. Sie erfüllt sicherlich die Anfangsbedingung $\tilde{Y}(x_0) = 0$, die durch (*) gegeben ist. Nach dem Existenz- und Eindeutigkeitssatz - obiger Satz 4.1.3 - gibt es genau eine Lösung, die diesen Anfangsbedingungen genügt. Die Nullfunktion erfüllt offensichtlich (*). Daher ist

$$c_1 Y_1(x) + \ldots + c_n Y_n(x) = 0 \quad \forall x \in I.$$

Da nach Voraussetzung $Y_1, \ldots, Y_n$ l.u. sind, folgt der Widerspruch $c_1 = \ldots = c_n = 0$. □

4.2 Homogene lineare Differentialgleichungssysteme 1. Ordnung mit konstanten Koeffizienten

In diesem Abschnitt geht es um Systeme der Form $Y' = AY$. Die Einträge der Matrix A sind jetzt Konstanten, also reelle Zahlen. Wir betrachten zunächst zwei einfache Beispiele:

Beispiel 1:

$$\begin{aligned} y_1' &= -y_1 + y_2 \\ y_2' &= y_1 - y_2 \end{aligned}$$

In Matrixschreibweise:

$$\begin{pmatrix} y_1' \\ y_2' \end{pmatrix} = \underbrace{\begin{pmatrix} -1 & 1 \\ 1 & -1 \end{pmatrix}}_{A} \cdot \begin{pmatrix} y_1 \\ y_2 \end{pmatrix}$$

Zur Lösung verwenden wir einen Ansatz, der jenem bei Differentialgleichungen entspricht.

$$\begin{pmatrix} y_1 \\ y_2 \end{pmatrix} = e^{\lambda x} \cdot \begin{pmatrix} u \\ v \end{pmatrix} = \begin{pmatrix} e^{\lambda x} u \\ e^{\lambda x} v \end{pmatrix} \quad \text{mit } u, v \in \mathbb{R}$$

Einsetzen ergibt

$$\begin{pmatrix} e^{\lambda x} \lambda u \\ e^{\lambda x} \lambda v \end{pmatrix} = A \cdot \begin{pmatrix} e^{\lambda x} u \\ e^{\lambda x} v \end{pmatrix}$$

bzw.

$$e^{\lambda x} \lambda \begin{pmatrix} u \\ v \end{pmatrix} = A \cdot e^{\lambda x} \begin{pmatrix} u \\ v \end{pmatrix}.$$

Auf beiden Seiten der Gleichung kann man $e^{\lambda x}$ kürzen. Dann folgt, dass $(u, v)^\top$ ein Eigenvektor von A zum Eigenwert λ ist. Das charakteristische Polynom von A ist $t^2 + 2t$, somit sind $\lambda_1 = -2, \lambda_2 = 0$ die Eigenwerte von A.

Die Eigenräume $V(\lambda_i)$ berechnen sich zu

$$V(0) = L((1,1)^\top) \text{ bzw. } V(-2) = L((-1,1)^\top),$$

wobei $L(\ldots)$ die lineare Hülle bezeichnet. Somit sind

$$\begin{pmatrix} y_1 \\ y_2 \end{pmatrix} = \underbrace{e^{0x}}_{=1} \begin{pmatrix} 1 \\ 1 \end{pmatrix} \text{ und } \begin{pmatrix} y_1 \\ y_2 \end{pmatrix} = e^{-2x} \begin{pmatrix} -1 \\ 1 \end{pmatrix}$$

Lösungen des homogenen DGL - Systems und daher auch Linearkombinationen, d.h. die allgemeine Lösung ist

$$\begin{pmatrix} y_1 \\ y_2 \end{pmatrix} = c_1 \begin{pmatrix} 1 \\ 1 \end{pmatrix} + c_2 \cdot e^{-2x} \begin{pmatrix} -1 \\ 1 \end{pmatrix}$$

Komponentenweise geschrieben:

$$\begin{array}{rcrcl} y_1 & = & c_1 & - & c_2 \cdot e^{-2x} \\ y_2 & = & c_1 & + & c_2 \cdot e^{-2x} \end{array} \quad \text{mit } c_i \in \mathbb{R}.$$

Beispiel 2: Wir nehmen an, dass die Matrix A ein Jordanblock ist,

$$A = \ J(2;3) \ = \begin{pmatrix} 2 & 1 & 0 \\ 0 & 2 & 1 \\ 0 & 0 & 2 \end{pmatrix}.$$

Das System $Y' = AY$ ist zu lösen. A ist jedoch nicht diagonalisierbar. Schreibt man das System aus, so gilt:

$$\begin{array}{rcccccc} y_1' & = & 2y_1 & + & y_2 & & \\ y_2' & = & & & 2y_2 & + & y_3 \\ y_3' & = & & & & & 2y_3 \end{array}$$

Man kann dieses System schrittweise von unten nach oben lösen. Aus der dritten Gleichung folgt zunächst

$$y_3 = c_1 e^{2x}.$$

Somit ist $y_2' = 2y_2 + c_1 e^{2x}$. Daher ist

$$y_2 = c_2 e^{2x} + c_1 x e^{2x}$$

und Einsetzen von y_2 in die erste Gleichung ergibt für y_1 die Differentialgleichung $y_1' = 2y_1 + c_2 e^{2x} + c_1 x e^{2x}$, die die Lösung

$$y_1 = c_3 e^{2x} + c_2 x e^{2x} + \frac{1}{2} c_1 x^2 e^{2x}$$

besitzt.

Insgesamt:

$$\begin{pmatrix} y_1 \\ y_2 \\ y_3 \end{pmatrix} = c_1 \begin{pmatrix} \frac{1}{2} x^2 e^{2x} \\ x e^{2x} \\ e^{2x} \end{pmatrix} + c_2 \begin{pmatrix} x e^{2x} \\ e^{2x} \\ 0 \end{pmatrix} + c_3 \begin{pmatrix} e^{2x} \\ 0 \\ 0 \end{pmatrix}$$

An obigem Beispiel sieht man, wie man mit Induktion folgendes Resultat erhält.

Lemma 4.2.1: Das homogene lineare DGL - System

$$Y' = AY,$$

in dem A ein Jordanblock vom Typ $J(\lambda; n)$ mit $\lambda \in \mathbb{R}$ ist, besitzt ein Fundamentalsystem der Form

$$\begin{pmatrix} \frac{1}{(n-1)!} x^{n-1} e^{\lambda x} \\ \frac{1}{(n-2)!} x^{n-2} e^{\lambda x} \\ \frac{1}{(n-3)!} x^{n-3} e^{\lambda x} \\ \vdots \\ e^{\lambda x} \end{pmatrix}, \ldots, \begin{pmatrix} x e^{\lambda x} \\ e^{\lambda x} \\ 0 \\ \vdots \\ 0 \end{pmatrix}, \begin{pmatrix} e^{\lambda x} \\ 0 \\ 0 \\ \vdots \\ 0 \end{pmatrix}$$

Sei

$$Y' = AY$$

und A sei eine Blockmatrix, d.h.

$$A = \begin{pmatrix} A_1 & 0 \\ 0 & A_2 \end{pmatrix}$$

mit quadratischen Matrizen $A_1 \in \mathbb{R}^{r \times r}$ und $A_2 \in \mathbb{R}^{s \times s}$. Dann haben die Funktionen y_i mit $i \leq r$ mit jenen für $i \geq r+1$ in den Gleichungen des Systems keinen Kontakt. Man nennt dann das System *entkoppelt.* Selbstverständlich kann sich die Matrix A aus mehreren Blöcken zusammensetzen. Im Extremfall ist A eine Diagonalmatrix, alle Blöcke haben dann Größe 1×1, dann sind alle Funktionen zueinander entkoppelt und wir nennen das System *total entkoppelt.*

In der Linearen Algebra wird gezeigt, dass es zu jeder quadratischen Matrix $A \in \mathbb{C}^{n \times n}$ eine reguläre Matrix T gibt, so dass $T^{-1}AT$ eine Blockmatrix aus Jordanblöcken ist. Man nennt dies die Jordan - Normalform von A. Es ist daher nahe liegend entsprechende Transformationen bei homogenen DGL -Systemen durchzuführen und zu versuchen, gegebene DGL - Systeme auf diese Weise zu entkoppeln.

Sei T eine reguläre $n \times n$ - Matrix mit reellen Einträgen. Gegeben sei das System $Y' = AY$. Setze

$Z = T^{-1}Y$ mit $T^{-1} = (d_{ij})$.

$$Z = \begin{pmatrix} z_1 \\ \vdots \\ z_n \end{pmatrix} = T^{-1} \cdot Y = \begin{pmatrix} d_{11} & \dots & d_{1n} \\ \vdots & \vdots & \vdots \\ d_{n1} & \dots & d_{nn} \end{pmatrix} \cdot \begin{pmatrix} y_1 \\ \vdots \\ y_n \end{pmatrix}$$

Dann ist

$$z_i = d_{i1}y_1 + \ldots + d_{in}y_n \text{ für } 1 \leq i \leq n$$

und daher

$$z_i' = d_{i1}y_1' + \ldots + d_{in}y_n' \text{ für } 1 \leq i \leq n.$$

Also

$$Z' = T^{-1}Y'.$$

Somit

$$Z' = T^{-1}AY = T^{-1}ATZ.$$

Diese Rechnung gilt für jede reguläre Matrix T, insbesondere also für eine, die A in Jordan - Normalform überführt. Also kann man mit geeigneter Wahl von T das neue System

$Z' = T^{-1}ATZ$ in Jordanblöcke entkoppeln. Ist A diagonalisierbar, dann ist dieses Z - System total entkoppelt. Nach Lemma 4.2.1. lassen sich die Fundamentallösungen im Z - System direkt angeben. Wegen $Y = TZ$ vermittelt die Matrix T die Rücktransformation in das Ausgangssystem und liefert dann die Fundamentallösungen im Y - System.

Wir werden uns in diesem Abschnitt darauf beschränken solche Systeme zu betrachten, deren Koeffizientenmatrix A die Eigenschaft besitzt, nur reelle Eigenwerte zu besitzen. Die Jordan'sche Normalform von A ist dann reell und mit Hilfe des obigen Lemma's kann man dann die Lösungen für das transformierte DGL - System direkt anschreiben. Sind die Eigenwerte komplex, aber nicht reell, so kann man wie im Fall von Differentialgleichungen mit konstanten Koeffizienten aus der komplexen Lösung, in die e^{a+bix} involviert ist, mittels $e^{ix} = \cos x + i \sin x$ nach geeigneter Multiplikation mit komplexen Konstanten einen Kosinus - bzw. Sinusteil als reelle Lösung gewinnen.

Im Fall der Diagonalisierbarkeit von A bestehen die Spalten von T aus einer Basis von $\mathbb{R}^n$, die aus lauter Eigenvektoren von A besteht. Ist A nicht diagonalisierbar, so kann man A auf Jordan - Normalform transformieren. Ist λ_i ein Eigenwert von A mit algebraischer Vielfachheit e_i , so setzt man

$$H(\lambda_i) := \{v \in \mathbb{R}^n; (A - \lambda_i)^{e_i} v = 0\}.$$

Die Elemente von $H(\lambda_i)$ nennt man die *Hauptvektoren* zum Eigenwert λ_i. Die Gesamtheit aller Hauptvektoren zu einem vorgegebenem EW λ) nennt man den *Hauptraum* $H(\lambda)$. In den Spalten der Transformationsmatrix T zur Jordan -Normalform stehen dann Hauptvektoren von A, die eine Basis von $\mathbb{R}^n$ bilden.

Im Fall, wenn ein Eigenwert λ die algebraische Vielfachheit $e = 2$ besitzt und die Dimension vom Eigenraum $V(\lambda)$ nur 1 ist, lässt sich sehr einfach eine Basis aus Hauptvektoren errechnen. Hierzu beachte man zuerst, dass Eigenvektoren v eines EW λ stets Hauptvekoren sind; denn

$$(A - \lambda E)v \;=\; 0 \;\Longrightarrow\; (A - \lambda E)^e \;=\; 0.$$

Ist dann w ein Vektor mit $(A - \lambda E)w \;=\; v$ so folgt

$$(A - \lambda E)^2 w \;=\; (A - \lambda E)v \;=\; 0.$$

Also ist w ein Hauptvektor und offensichtlich l.u. zu v; denn im Fall von linearer Abhängigkeit müsste w ein Vielfaches von v sein und dann wäre jedoch $(A - \lambda E)W \;=\; 0$. Ist der Hauptraum 2 - dimensional, so bilden v und w eine Basis. v ergibt sich aus der Eigenvektorberechnung und w als Lösung des inhomogenen linearen Gleichungssystems von $(A - \lambda E)x \;=\; 0$. Man beachte, dass es genügt *eine* Lösung dieses inhomogenen Systems zu berechnen.

Für die allgemeine Berechnung, d.h. wenn die Haupträume Dimension ≥ 3 besitzen, einer Basis aus Hauptvektoren siehe [Kimmerle - Stroppel, Lineare Algebra und Geometrie].

Zusammenfassend gilt dann mit Verwendung von Lemma 4.2.1:

Satz 4.2.2: Sei das homogene lineare DGL - System $Y' = AY$ mit $A \in \mathbb{R}^{n\times n}$ gegeben.

(i) A sei diagonalisierbar. Alle Eigenwerte von A seien reell. Sei

$$v_1 = \begin{pmatrix} v_{11} \\ \vdots \\ v_{1n} \end{pmatrix}, \ldots, v_n = \begin{pmatrix} v_{n1} \\ \vdots \\ v_{nn} \end{pmatrix}$$

eine Basis aus Eigenvektoren von A und seien λ_i die zugehörigen Eigenwerte. Dann ist mit $c_i \in \mathbb{R}$

$$\begin{pmatrix} y_1 \\ \vdots \\ y_n \end{pmatrix} = c_1 \cdot e^{\lambda_1 x} \begin{pmatrix} v_{11} \\ \vdots \\ v_{1n} \end{pmatrix} + \ldots + c_n \cdot e^{\lambda_n x} \begin{pmatrix} v_{n1} \\ \vdots \\ v_{nn} \end{pmatrix}$$

die allgemeine Lösung des DGL - Systems.

(ii) A sei jetzt nicht diagonalisierbar vorausgesetzt. Alle Eigenwerte von A seien reell. Sei

$$v_1 = \begin{pmatrix} v_{11} \\ \vdots \\ v_{1n} \end{pmatrix}, \ldots, v_n = \begin{pmatrix} v_{n1} \\ \vdots \\ v_{nn} \end{pmatrix}$$

eine Basis aus Hauptvektoren von A und seien λ_i die zugehörigen Eigenwerte. Die Hauptvektoren seien so angeordnet, dass

$$T = \Big(v_1, \ldots, v_n\Big) \quad \text{und} \quad T^{-1}AT = \Big(J(\lambda_1; n_1), \ldots, J(\lambda_k; n_k)\Big) \, .$$

Dann ist mit $c_i \in \mathbb{R}$ und $m = 1 + n_1 + \ldots n_{k-1}$

$$\begin{array}{llllclll}
c_1 & \frac{1}{(n_1-1)!}x^{n_1-1} & e^{\lambda_1 x} & \begin{pmatrix} v_{11} \\ \vdots \\ v_{1n} \end{pmatrix} & + \ \ldots \ + & c_1 & e^{\lambda_1 x} & \begin{pmatrix} v_{n_1 1} \\ \vdots \\ v_{n_1 n} \end{pmatrix} \ + \\
c_2 & \frac{1}{(n_1-2)!}x^{n_1-2} & e^{\lambda_1 x} & \begin{pmatrix} v_{11} \\ \vdots \\ v_{1n} \end{pmatrix} & + \ \ldots \ + & c_2 & e^{\lambda_1 x} & \begin{pmatrix} v_{(n_1-1)1} \\ \vdots \\ v_{(n_1-1)n} \end{pmatrix} \ + \\
 & & & & + \ \ldots \ + & & & \\
c_{n_1-1} & x & e^{\lambda_1 x} & \begin{pmatrix} v_{11} \\ \vdots \\ v_{1n} \end{pmatrix} & + & c_{n_1-1} & e^{\lambda_1 x} & \begin{pmatrix} v_{21} \\ \vdots \\ v_{2n} \end{pmatrix} \ + \\
 & & & & & c_{n_1} & e^{\lambda_1 x} & \begin{pmatrix} v_{11} \\ \vdots \\ v_{1n} \end{pmatrix} \ +
\end{array}$$

$$+ \ldots +$$

$$\begin{array}{llllcll}
c_m & \frac{1}{(n_k-1)!}x^{n_k-1} & e^{\lambda_k x} & \begin{pmatrix} v_{m1} \\ \vdots \\ v_{mn} \end{pmatrix} & + \ldots + & c_m \quad e^{\lambda_k x} & \begin{pmatrix} v_{n1} \\ \vdots \\ v_{nn} \end{pmatrix} + \\
c_{m+1} & \frac{1}{(n_k-2)!}x^{n_k-2} & e^{\lambda_k x} & \begin{pmatrix} v_{m1} \\ \vdots \\ v_{mn} \end{pmatrix} & + \ldots + & c_{m+1} \quad e^{\lambda_k x} & \begin{pmatrix} v_{(n-1)1} \\ \vdots \\ v_{(n-1)n} \end{pmatrix} + \\
 & & & & + \ldots + & & \\
c_{n-1} & x & e^{\lambda_k x} & \begin{pmatrix} v_{m1} \\ \vdots \\ v_{mn} \end{pmatrix} & + & c_{n-1} \quad e^{\lambda_k x} & \begin{pmatrix} v_{(m+1)1} \\ \vdots \\ v_{(m+1)n} \end{pmatrix} + \\
 & & & & + & c_n \quad e^{\lambda_k x} & \begin{pmatrix} v_{m1} \\ \vdots \\ v_{mn} \end{pmatrix}
\end{array}$$

die allgemeine Lösung des DGL - Systems.

Im Spezialfall $n = 2$ nimmt Satz 4.2.2 (ii) folgende Gestalt an. Da A nicht diagonalisierbar ist, hat A genau einen Eigenwert $\lambda = \lambda_1$ mit algebraischer Vielfachheit $e = 2$. Der Eigenraum $V(\lambda)$ ist jedoch 1 - dimensional. Sind somit

$$v_1 = \begin{pmatrix} v_{11} \\ \vdots \\ v_{1n} \end{pmatrix} \text{ und } v_2 = \begin{pmatrix} v_{21} \\ \vdots \\ v_{2n} \end{pmatrix}$$

Hauptvektoren zu λ, die eine Basis von $\mathbb{R}^2$ bilden, so dass $T = (v_1, v_2)$ und

$$T^{-1}AT = J(\lambda; 2) = \begin{pmatrix} \lambda & 1 \\ 0 & \lambda \end{pmatrix}$$

ist, dann ist v_1 ein Eigenvektor zu λ und v_2 ein Hauptvektor mit $(A - \lambda E)v_1 = v_2$. Die allgemeine Lösung des homogenen Systems $Y' = AY$ ist dann

$$\begin{array}{lcll}
c_1 \quad x \quad e^{\lambda x} \begin{pmatrix} v_{11} \\ \vdots \\ v_{12} \end{pmatrix} & + & c_1 \quad e^{\lambda x} & \begin{pmatrix} v_{21} \\ \vdots \\ v_{22} \end{pmatrix} + \\
 & + & c_2 \quad e^{\lambda x} & \begin{pmatrix} v_{11} \\ \vdots \\ v_{12} \end{pmatrix}.
\end{array}$$

Dies entspricht Satz 4.2.2 (ii) mit $k = 1, n_1 = n = 2$ und $m = 1 + „n_0" = 1$.

Beispiel 1: Gegeben sei das DGL -System $Y' = AY$ mit $A = \begin{pmatrix} 0 & 1 & 0 \\ 1 & 0 & 3 \\ 0 & 3 & 0 \end{pmatrix}$.

Das charakteristische Polynom von A berechnet sich zu $-x^3 + 10x$. Nullstellen sind also

$$\lambda_1 = 0, \lambda_{2,3} = \pm\sqrt{10}.$$

A ist diagonalisierbar, da A lauter verschiedene Eigenwerte besitzt. Für die Eigenräume erhält man

$$V(0) = L((-3,0,1)^\top), V(\sqrt{10}) = L((1,\sqrt{10},3)^\top), \quad V(-\sqrt{10}) = L((1,-\sqrt{10},3)^\top)).$$

Für das entkoppelte System $Z' = DZ$ erhält man als Fundamentallösungen

$$Z_1 = \begin{pmatrix} 1 \\ 0 \\ 0 \end{pmatrix}, \; Z_2 = \begin{pmatrix} 0 \\ e^{\sqrt{10}x} \\ 0 \end{pmatrix}, \; Z_3 = \begin{pmatrix} 0 \\ 0 \\ e^{-\sqrt{10}x} \end{pmatrix}$$

Rücktransformation mit Hilfe der Transformationsmatrix $T = \begin{pmatrix} -3 & 1 & 1 \\ 0 & \sqrt{10} & -\sqrt{10} \\ 1 & 3 & 3 \end{pmatrix}$

ergibt

$$Y_1 = \begin{pmatrix} -3 \\ 0 \\ 1 \end{pmatrix}, \; Y_2 = e^{\sqrt{10}x} \begin{pmatrix} 1 \\ \sqrt{10} \\ 3 \end{pmatrix}, \; Y_3 = e^{-\sqrt{10}x} \begin{pmatrix} 1 \\ -\sqrt{10} \\ 3 \end{pmatrix}$$

als Fundamentalsystem in den ursprünglichen Koordinaten.

Beispiel 2: Gegeben sei das DGL - System $Y' = AY$ mit $A = \begin{pmatrix} -7 & 6 & 2 \\ -9 & 8 & 3 \\ 0 & 0 & 2 \end{pmatrix}$.

Man errechnet leicht, dass $|A - tE| = -(t-2)^2 \cdot (t+1)$ ist. $(1,1,0)^\top$ ist ein Eigenvektor zu -1. Der Eigenraum $V(2)$ ist 1-dimensional und die lineare Hülle von $v = (2,3,0)^\top$. Ein dazu linear unabhängiger Hauptvektor berechnet sich aus dem inhomogenen Gleichungssystem $(A - 2E)x = v$. Eine Lösung dieses Systems ist $w = (0,0,1)^\top$. Daher gilt mit

$$T = \begin{pmatrix} 1 & 2 & 0 \\ 1 & 3 & 0 \\ 0 & 0 & 1 \end{pmatrix}, \text{ dass } T^{-1}AT = \Big(J(2;2), J(1;-1)\Big) = \begin{pmatrix} -1 & 0 & 0 \\ 0 & 2 & 1 \\ 0 & 0 & 2 \end{pmatrix}.$$

Für das transformierte System bilden

$$\begin{pmatrix} e^{-x} \\ 0 \\ 0 \end{pmatrix}, \begin{pmatrix} 0 \\ xe^{2x} \\ e^{2x} \end{pmatrix}, \begin{pmatrix} 0 \\ e^{2x} \\ 0 \end{pmatrix}$$

nach Lemma 4.2.1. ein Fundamentalsystem.
Wegen $TZ' = Y'$, vgl. den Abschnitt nach Lemma 4.2.1, ergibt sich als allgemeine Lösung des Systems

$$\begin{pmatrix} y_1 \\ y_2 \\ y_3 \end{pmatrix} = c_1 \cdot T \cdot \begin{pmatrix} e^{-x} \\ 0 \\ 0 \end{pmatrix} + c_2 \cdot T \cdot \begin{pmatrix} 0 \\ xe^{2x} \\ e^{2x} \end{pmatrix} + c_3 \cdot T \cdot \begin{pmatrix} 0 \\ e^{2x} \\ 0 \end{pmatrix}$$

$$= c_1 \cdot e^{-x} \begin{pmatrix} 1 \\ 1 \\ 0 \end{pmatrix} + c_2 \cdot x \cdot e^{2x} \begin{pmatrix} 2 \\ 3 \\ 0 \end{pmatrix} + c_2 e^{2x} \begin{pmatrix} 0 \\ 0 \\ 1 \end{pmatrix} + c_3 e^{2x} \begin{pmatrix} 2 \\ 3 \\ 0 \end{pmatrix}.$$

Die letzte Form entspricht hierbei genau dem Satz 4.2.2 (ii). Man vergleiche auch den Teil der zum Eigenwert 2 von A gehört mit der nach Satz 4.2.2 (ii) angegebenen allgemeinen Lösung für $n = 2$.

4.3 Inhomogene lineare Differentialgleichungssysteme 1. Ordnung mit konstanten Koeffizienten

Wie bei Differentialgleichungen gilt

Satz 4.3.1: Die allgemeine Lösung eines inhomgenen DGL -Systems $Y' = AY + B(x)$ ergibt sich durch Addition einer partikularen Lösung des inhomogenen Systems zur allgemeinen Lösung des zugehörigen homogenen DGL - Systems $Y' = AY$.

Geht man von $Y' = AY + B(x)$ aus und setzt $Y = TZ$, dann gilt wie im Abschnitt 4.2 $Y' = TZ'$. Hieraus ergibt sich:

$$(*) \qquad Z' = T^{-1}ATZ + T^{-1}B(x).$$

Bestimmt man für das DGL -System (*) eine partikuläre Lösung Z_p, dann erhält man mit Rücktransformation mit $Y_p = TZ_p$ eine partikuläre Lösung des Ausgangssystems. Wir können uns also auf Systeme in Normalform beschränken.

Fall 1: A ist diagonalisierbar.

Sei $D = T^{-1}AT$. Dann sind die Differentialgleichungen des Systems $Z' = DZ$ total entkoppelt. Für jede einzelne Differentialgleichung

$$y_i'(x) = \lambda_i y_i + r_i(x)$$

kann man mit früheren Methoden eine partikuläre Lösung finden und somit Z_p bestimmen.

Fall 2: A ist nicht diagonalisierbar.

Wir nehmen zur Vereinfachung an, dass die Jordan - Normalform von A ein Jordanblock $J(n;\lambda)$ ist.

Dann ist

$$\begin{array}{rcllll} z_1' & = & \lambda z_1 & + & z_2 & + \quad r_1 \\ & & \dots & & & \\ z_{n-1}' & = & \lambda z_{n-1} & + & z_n & + \quad r_{n-1} \\ z_n' & = & \lambda z_n & & & + \quad r_n \end{array}$$

Dann kann man zunächst von der letzten Gleichung mit den Methoden von Abschnitt 3.4 eine partikuläre Lösung bestimmen. Diese kann man in die vorletzte Gleichung einsetzen und dann von dieser eine partikuläre Lösung berechnen. Dieser Prozess läßt sich fortsetzen bis von allen Gleichungen eine partikuläre Lösung bestimmt ist. Z_p setzt sich dann komponentenweise zusammen. Also ist auch in diesem Fall das Finden von partikulären Lösungen auf bekannte Methoden zurückgeführt.

Beispiel:

$$\begin{array}{rcccccc} y_1' & = & 2y_1 & + & 2y_2 & + & x \\ y_2' & = & y_1 & + & 3y_2 & + & e^x \end{array}$$

In Matrixschreibweise:

$$\begin{pmatrix} y_1' \\ y_2' \end{pmatrix} = \begin{pmatrix} 2 & 2 \\ 1 & 3 \end{pmatrix} \cdot \begin{pmatrix} y_1 \\ y_2 \end{pmatrix} + \begin{pmatrix} x \\ e^x \end{pmatrix}.$$

Charakteristisches Polynom der Koeffizientenmatrix A ist $(x-1)(x-4)$.

Der Eigenraum $V(1)$ ist die lineare Hülle von $(2,-1)^\top$, der Eigenraum $V(4)$ ist die lineare Hülle von $(1,1)^\top$.

Somit ergibt sich

$$T = \begin{pmatrix} 2 & 1 \\ -1 & 1 \end{pmatrix} \qquad \text{bzw.} \qquad T^{-1} = \frac{1}{3} \cdot \begin{pmatrix} 1 & -1 \\ 1 & 2 \end{pmatrix}.$$

Mit $T^{-1} \cdot \begin{pmatrix} x \\ e^x \end{pmatrix}$ erhält man im transformierten System das DGL - System

$$\begin{array}{rcccccl} z_1' & = & z_1 & + & & + & \frac{1}{3}(x - e^x) \\ z_2' & = & & + & 4z_2 & + & \frac{1}{3}(x + 2e^x) \end{array}$$

Aus Satz 3.2.3 ergeben sich als partikuläre Lösungen dieser DGL

$$z_{1,p} - \frac{1}{3}(-1 - x) - \frac{1}{3}xe^x$$

$$z_{2,p} = -\frac{1}{48} - \frac{1}{12}x - \frac{2}{9}e^x.$$

Mit der Rücktransformation $\begin{pmatrix} y_{1,p} \\ y_{2,p} \end{pmatrix} = Y_p = T \cdot Z_p = T \cdot \begin{pmatrix} z_{1,p} \\ z_{2,p} \end{pmatrix}$ folgt letztlich

$$y_{1,p} = -\frac{33}{48} - \frac{9}{12}x - \frac{2}{3}xe^x - \frac{2}{9}e^x$$

$$y_{2,p} = \frac{15}{48} + \frac{3}{12}x + \frac{1}{3}xe^x - \frac{2}{9}e^x \qquad .$$

4.4 Zusammenhang mit linearen DGL höherer Ordnung

Eine lineare DGL n - ter Ordnung

$$y^{(n)} + a_{n-1}(x)y^{(n-1)} + \ldots + a_0(x)y + r(x) = 0$$

läßt sich mit $y_1 = y$ als spezielles lineares System 1.Ordnung schreiben:

$$\begin{array}{rcl} y_1' & = & y_2 \\ y_2' & = & y_3 \\ & \ldots & \\ y_{n-1}' & = & y_n \\ y_n' & = & -\sum_{i=1}^{n} a_{i-1}(x)y_i - r(x) \end{array}$$

Eine Anfangsbedingung der DGL der Form

$$y(x_0) = c_0, y'(x_0) = c_1, \dots y^{(n-1)}(x_0) = c_{n-1}$$

entspricht beim System der Anfangsbedingung

$$y_1(x_0) = c_0, y_2(x_0) = c_1, \dots y_n(x_0) = c_{n-1}.$$

Aus dem Existenz- und Eindeutigkeitssatz für lineare DGL - Systeme 1.Ordnung folgt nun unmittelbar das entsprechende Resultat für lineare DGL n - ter Ordnung.

Satz 4.4.1: Die Funktionen $a_j(x), 0 \le j \le n-1$ und r(x) seien auf dem Intervall I stetig. Seien $x_0 \in I$ und $(c_0, \dots, c_{n-1}) \in \mathbb{R}^n$ gegeben. Dann besitzt die lineare DGL

$$y^{(n)} + a_{n-1}(x)y^{(n-1)} + \dots + a_0(x)y + r(x) = 0$$

auf ganz I genau eine Lösung mit

$$y(x_0) = c_0, y'(x_0) = c_1, \dots y^{(n-1)}(x_0) = c_{n-1}.$$

Unter gewissen Voraussetzungen lassen sich DGL - Systeme 1.Ordnung mit konstanten Koeffizienten auf Differentialgleichungen höherer Ordnung mit konstanten Koeffizienten zurückführen. Diese sogenannte *Eliminationsmethode* soll exemplarisch für Systeme 1.Ordnung diskutiert werden.

Beispiel 1:

$$\begin{array}{rcl} y_1' &=& y_1 + y_2 + y_3 \\ y_2' &=& y_3 \\ y_3' &=& 2y_1 \end{array}$$

Differenzieren ergibt $y_1'' = y_1' + y_2' + y_3'$.

Einsetzen der 2. bzw. der 3. Gleichung: $y_1'' = y_1' + y_3 + 2y_1$.

Erneute Differentiation: $y_1''' = y_1'' + y_3' + 2y_1'$.

Einsetzen der 3.Gleichung: $y_1''' = y_1'' + 2y_1 + 2y_1'$.

Dies ist eine DGL 3.Ordnung mit konstanten Koeffizienten für y_1, die sich mit den Methoden von Abschnitt 3.4 lösen läßt. Ist y_1 bestimmt, so ergibt sich aus der 3.Gleichung durch Integration y_3 und danach aus der 2.Gleichung nach Integration y_2.

Beispiel 2: Die Eliminationsmethode läßt sich auch auf inhomogene DGL - Systeme anwenden. Wir betrachten zum Vergleich das Beispiel aus Abschnitt 4.3. .

$$\begin{array}{rcl} y_1' &=& 2y_1 + 2y_2 + x \\ y_2' &=& y_1 + 3y_2 + e^x \end{array}$$

Differenzieren der zweiten Gleichung und Einsetzen von der ersten Gleichung ergibt

$$y_2'' = y_1' + 3y_2' + e^x = 2y_1 + 2y_2 + x + 3y_2' + e^x .$$

Aus der zweiten Gleichung folgt $y_1 = y_2' - 3y_2 - e^x$. Somit

$$y_2'' = 5y_2' - 4y_2 + x - e^x .$$

Diese DGL läßt sich mit den in den Abschnitten 3.4 bzw. 3.6 dargelegten Methoden lösen. Man verifiziert auch leicht, dass die in Abschnitt 4.3 erhaltene partikuläre Lösung diese DGL 2.Ordnung erfüllt.

Elimination läßt sich auch auf DGL - Systeme höherer Ordnung anwenden. Bezeichne $y_1(x), y_2(x)$ die Auslenkungen zweier gekoppelter Pendel aus der Ruhelage, x werde als Zeitvariable betrachtet. Dann gilt (bei kleinen Auslenkungen) hierfür das DGL - System 2.Ordnung mit konstanten Koeffizienten a, b, c, d

$$\begin{array}{rcrcr} y_1'' & = & ay_1 & + & by_2 \\ y_2'' & = & cy_1 & + & dy_2 \end{array}$$

Differenziert man die 1.Gleichung zweimal, dann kann man die 2.Gleichung darin einsetzen und erhält $y_1^{(4)} = ay_1'' + bcy_1 + bdy_2$. Aus der 1.Gleichung folgt dann:

$$y_1^{(4)} = ay_1'' + bcy_1 + dy_1'' - day_1 = (a+d)y_1'' + (bc - da)y_1 \ ,$$

eine DGL 4.Ordnung für y_1 mit konstanten Koeffizienten. Hieraus resultiert y_1 und dann aus der 1.Gleichung y_2.

Alternativ kann man zur Lösung auch $y_1' = y_3$ bzw. $y_2' = y_4$ setzen. Es entsteht dann aus obigem DGL - System 2.Ordnung ein DGL - System 1. Ordnung der Form $Y' = AY$. Im Allgemeinen ist es aber nicht immer möglich Systeme höherer Ordnung in DGL-Systeme 1.Ordnung der Form $Y' = AY$ überzuführen.

4.5 Matrix-Exponentialfunktion

Es soll abschließend in diesem Kapitel eine weitere Methode zur Lösung von homogenen DGL - Systemen mit konstanten Koeffizienten der Form

$$Y' = AY$$

vorgestellt werden. Diese Methode verwendet die Matrix - Exponentialfunktion, die durch folgende Reihe definiert ist:

$$\exp(A) := \sum_{i=0}^{\infty} \frac{1}{i!} A^i$$

bzw. für $t \in \mathbb{R}$ ist

$$\exp(At) := \sum_{i=0}^{\infty} \frac{t^i}{i!} A^i \ .$$

Hierbei ist $A^0 := E = (n \times n)$ - Einheitsmatrix. Man kann zeigen, dass diese Reihen für jede Matrix $A \in \mathbb{R}^{n \times n}$ und für alle $t \in \mathbb{R}$ konvergieren. Es ist $\exp(tA) = \exp(At)$. Ferner gilt:

$$\frac{d}{dt}(\exp(At)) = A \cdot \exp(At) \ .$$

Es ergibt sich also formal die gleiche Ableitungsregel, wie im 1 -dimensionalen. Der folgende Satz unterstreicht die Analogie.

Satz 4.5.1: Die allgemeine Lösung des DGL - Systems

$$Y' = AY$$

ist von der Form $Y(x) = \exp(Ax) \cdot C$, wobei $C^\top = (c_1, \ldots, c_n)$ ein Vektor aus Konstanten c_i ist.

Um diesen Satz direkt anzuwenden, muss man zu gegebener Matrix A die Matrix-Exponentialfunktion berechnen. Im Allgemeinen ist dies nur näherungsweise möglich.

Beispiel: Wir berechnen $\exp(Ax)$ im Fall, wenn $A = J(3; \lambda)$ ein Jordanblock ist.

$$A = \begin{pmatrix} \lambda & 1 & 0 \\ 0 & \lambda & 1 \\ 0 & 0 & \lambda \end{pmatrix}.$$

Setzt man $\tilde{A} = A - \lambda E$, so gilt: $\tilde{A}^2 = \begin{pmatrix} 0 & 0 & 1 \\ 0 & 0 & 0 \\ 0 & 0 & 0 \end{pmatrix}$ und $\tilde{A}^3 = 0$. Aus

$$\exp(Ax) = \exp((\lambda E) + \tilde{A})x) = \exp(\lambda E x) \cdot \exp(\tilde{A} x)$$

folgt dann

$$\exp(Ax) = \begin{pmatrix} e^{\lambda x} & x e^{\lambda x} & \frac{1}{2} x^2 e^{\lambda x} \\ 0 & e^{\lambda x} & x e^{\lambda x} \\ 0 & 0 & e^{\lambda x} \end{pmatrix}.$$

Man erhält dann für das DGL - System $Y' = AY$ nach obigem Satz direkt durch Matrixmultiplikation mit $\exp A$ die allgemeine Lösung, vgl. Beispiel 2 aus Abschnitt 4.2.

Allgemeiner zeigt man analog für einen beliebigen Jordanblock $A = J(n; \lambda)$.

$$\exp(Ax) = \begin{pmatrix} e^{\lambda x} & xe^{\lambda x} & \dots & \dots & \frac{1}{(n-1)!}x^{(n-1)}e^{\lambda x} \\ 0 & e^{\lambda x} & xe^{\lambda x} & \dots & \frac{1}{(n-2)!}x^{(n-2)}e^{\lambda x} \\ \vdots & \vdots & \vdots & \vdots & \vdots \\ \vdots & \vdots & \vdots & \vdots & \vdots \\ 0 & 0 & \dots & e^{\lambda x} & xe^{\lambda x} \\ 0 & 0 & \dots & 0 & e^{\lambda x} \end{pmatrix}.$$

Kapitel 5

Fourieranalysis

In Physik und in der Technik spielen periodische Vorgänge eine große Rolle. Die Taylorreihe einer Funktion stellt eine Approximation von f durch Polynome dar. Polynome sind jedoch nicht periodisch und sind daher zur Approximation von periodischen Funktionen nicht besonders geeignet, ganz im Gegensatz zu trigonometrischen Funktionen. Die Idee, solche Funktionen durch unendliche Summen bestehend aus Kosinus- und Sinusfunktionen darzustellen, geht auf den Ingenieur J.B.Fourier zurück, der dies 1807 in einem Vortrag über Wärmeausbreitung und periodischer Temperaturverteilung vorgestellt hat. Dass der Klang eines Musikinstruments durch

$$\text{Grundschwingungen} \qquad a_1 \cos \omega t + b_1 \sin \omega t$$

und

$$\text{Oberschwingungen} \qquad a_n \cos n\omega t + b_1 \sin n\omega t$$

bestimmt sein sollte, war bereits früher postuliert worden.

5.1 Periodische Funktionen

$f : \mathbb{R} \longrightarrow \mathbb{R}$ heißt *periodisch*, wenn es ein $T \in \mathbb{R}^+$ gibt mit

$$f(x+T) = f(x) \quad \forall x \in \mathbb{R}.$$

T nennt man die Periode von f bzw. f heißt T - periodisch.

Beispiele:

a) $\cos nx$ bzw. $\sin nx$ haben Periode $\dfrac{2\pi}{n}$.

b) Hat f Periode T, dann auch Periode $k \cdot T$ für jedes $k \in \mathbb{N}$. Insbesondere sind $\cos nx$ und $\sin nx$ alle $2\pi-$ periodisch. Periodenlängen sind also nicht eindeutig.

c) Besitzt f die Periode T, dann hat

$$\tilde{f}(x) := f(x \cdot \frac{T}{2\pi})$$

Periode 2π, denn

$$\tilde{f}(x+2\pi) = f((x+2\pi)\frac{T}{2\pi}) =$$

$$f(\frac{xT}{2\pi} + T) = f(\frac{xT}{2\pi}) = \tilde{f}(x).$$

d) Sind f und g T - periodisch, dann auch $f+g, f \cdot g$ bzw. $\dfrac{f}{g}$ für $g \neq 0$.

Bemerkungen:

- Ist $f : [a,b] \longrightarrow \mathbb{R}$ gegeben, dann kann man mit $T = (b-a)$ die Funktion f zu einer Funktion $\hat{f} : \mathbb{R} \longrightarrow \mathbb{R}$ ausdehnen, die T - periodisch ist, indem für $k \in \mathbb{Z}$

$$\hat{f}(x) = f(x+kT) \text{ für } a + kT \leq x < b + kT$$

gesetzt wird.

- Ist f eine T - periodische integrierbare Funktion, dann gilt:

$$\int_0^T f(x)\,dx = \int_c^{T+c} f(x)\,dx \quad \forall c \in \mathbb{R}.$$

5.2 Orthogonalitätsrelationen

Satz:

$$\int_{-\pi}^{\pi} \sin mx \sin kx\,dx = \begin{cases} 0 & m \neq k \\ \pi & m = k \end{cases}$$

$$\int_{-\pi}^{\pi} \cos mx \cos kx\,dx = \begin{cases} 0 & m \neq k \\ \pi & m = k \end{cases}$$

$$\int_{-\pi}^{\pi} \sin mx \cos kx\,dx = 0 \qquad \forall m,k \in \mathbb{N}.$$

Beweis: Nach den Additionstheoremen gilt:

$$\sin(mx \pm kx) = \sin mx \cos kx \pm \cos mx \sin kx,$$

bzw.

$$\cos(mx \pm kx) = \cos mx \cos kx \mp \sin mx \sin kx.$$

Addition bzw. Subtraktion ergibt hieraus

$$\frac{1}{2}(\cos(mx - kx) + \cos(mx + kx)) = \cos mx \cos kx,$$
$$\frac{1}{2}(\cos(mx - kx) - \cos(mx + kx)) = \sin mx \sin kx,$$
$$\frac{1}{2}(\sin(mx - kx) + \sin(mx + kx)) = \sin mx \cos kx.$$

Daher ist

$$2\int \sin mx \sin kx \, dx = \begin{cases} \frac{\sin(m-k)x}{m-k} - \frac{\sin(m+k)x}{m+k} & m \neq k \\ x - \frac{\sin 2mx}{2m} & m = k \end{cases}$$

und

$$2\int_{-\pi}^{\pi} \sin mx \sin kx \, dx = \begin{cases} 0 & m \neq k \\ \pi - (-\pi) = 2\pi & m = k \end{cases}.$$

Analog sieht man die anderen Behauptungen. □

5.3 Fourierreihen

Ziel ist es eine 2π - periodische Funktion f als eine Reihe der Form

$$(*) \quad f(x) = \frac{a_0}{2} + \sum_{n=1}^{\infty} a_n \cos nx + b_n \sin nx$$

darzustellen.

Zunächst soll angenommen werden, dass (*) existiere und die Reihe sogar gleichmäßig konvergiert. Multipliziert man beide Seiten von (*) mit $\sin kx$ und integriert dann von $-\pi$ bis π, dann ergibt sich

$$\int_{-\pi}^{\pi} f(x) \sin kx dx = \int_{+\pi}^{\pi} \frac{a_0}{2} \sin kx dx + \int_{-\pi}^{\pi} \sum (a_n \cos nx + b_n \sin nx) \sin kx dx.$$

Wegen der gleichmäßigen Konvergenz kann man Integration und Summation vertauschen, also

$$\int_{-\pi}^{\pi} f(x) \sin kx dx = \frac{a_0}{2} \int_{-\pi}^{\pi} \sin kx dx + \sum_{n=1}^{\infty} a_n \int_{-\pi}^{\pi} \cos nx \sin kx + b_n \int_{-\pi}^{\pi} \sin nx \sin kx dx.$$

Aus den Orthogonalitätsrelationen aus Abschnitt 4.2 folgt

$$\int_{-\pi}^{\pi} f(x) \sin kx dx = b_k \int_{-\pi}^{\pi} \sin^2 kx \; dx = b_k \cdot \pi.$$

Daher ist

$$b_k = \frac{1}{\pi} \int_{-\pi}^{\pi} f(x) \sin kx dx.$$

Analog (via Multiplikation mit $\cos kx$) sieht man

$$\int_{-\pi}^{\pi} f(x) \cos kx dx = \begin{cases} a_k \pi & \text{für } k \in \mathbb{N} \\ \frac{a_0}{2} \int_{-\pi}^{\pi} 1 dx = a_o \pi & \text{für } k = 0 \end{cases}.$$

Falls (*) existiert und sogar gleichmäßige Konvergenz vorliegt, dann sind die Koeffizienten a_n, b_n also eindeutig bestimmt.

Setzt man für eine gegebene 2π - periodische Funktion f, die auf $[-\pi, \pi]$ integrierbar ist,

$$a_n = \frac{1}{\pi} \int_{-\pi}^{\pi} f(x) \cos nx \; dx, \quad n \in \mathbb{N}_0$$

$$b_n = \frac{1}{\pi} \int_{-\pi}^{\pi} f(x) \sin nx \; dx, \quad n \in \mathbb{N},$$

dann nennt man a_n, b_n die *Fourierkoeffizienten* von f und

$$\frac{a_0}{2} + \sum_{n=1}^{\infty} a_n \cos nx + b_n \sin nx$$

die *Fourierreihe* von f.

Es ist üblich die Schreibweise

$$f(x) \sim \frac{a_0}{2} + \sum_{n=1}^{\infty} a_n \cos nx + b_n \sin nx$$

zu verwenden. Es stellt sich die Frage, für welche Funktionen f die Fourierreihe F von f mit f übereinstimmt ? Für welche x ist $f(x) = F(x)$?

Beispiel: Gesucht ist die Fourierreihe der Funktion f, die durch 2π - periodische Fortsetzung von

$$f(x) = \begin{cases} 0 & \text{für } -\pi < x < 0 \text{ bzw.} \\ \text{beliebig} & \text{für } x = \pi \text{ bzw. } 0 \\ 1 & \text{für } 0 < x < \pi. \end{cases}$$

definiert ist. Es ist

$$\frac{a_0}{2} = \frac{1}{2\pi} \int_{-\pi}^{\pi} f(x)\, dx = \frac{1}{2\pi} \int_0^{\pi} dx = \frac{1}{2}.$$

$$a_n = \frac{1}{\pi} \int_0^{\pi} \cos nx\, dx = 0.$$

$$b_n = \frac{1}{\pi} \int_0^{\pi} \sin nx\, dx = \frac{1}{\pi n}[-\cos nx]_0^{\pi} = \begin{cases} 0 & \text{falls } n \text{ gerade} \\ \frac{2}{\pi n} & \text{falls } n \text{ ungerade} \end{cases}$$

Somit ergibt sich als Fourierreihe $F(x)$ von f:

$$F(x) = \frac{1}{2} + \frac{1}{\pi} \sum_{m=0}^{\infty} \frac{2}{2m+1} \sin((2m+1)x).$$

Man beachte, dass der Funktionswert von f an 0 bzw. an π für die Berechnung der Fourierreihe völlig unerheblich war (Nullmenge bei der Integralberechnung). Die Fourierreihe kann im Allgemeinen daher an diesen Stellen nicht gegen $f(0)$ bzw. $f(\pi)$ konvergieren. Es gilt jedoch

$$F(0) = \frac{1}{2}, F(\pi) = F(-\pi) = \frac{1}{2}.$$

Die Konvergenzaussagen im folgenden Abschnitt zeigen, dass das Verhalten der Fourierreihe an einer Sprungstelle immer so ist, wenn die Funktion stückweise stetig differenzierbar ist.

Besitzt f Symmetrieeigenschaften, so auch die Fourierreihe von f und dies wirkt sich zum Teil so aus, dass gewisse Fourierkoeffizienten verschwinden.

$f : [-c, c] \longrightarrow \mathbb{R}, c \in \mathbb{R} \cup \{\infty\}$ fest gewählt, heißt *gerade* , falls $\forall x : f(-x) = f(x)$. Der Graph von f ist also achsensymmetrisch zur y - Achse.

$f : [-c, c] \longrightarrow \mathbb{R}, c \in \mathbb{R} \cup \{\infty\}$ fest gewählt, heißt *ungerade* , falls $\forall x : -f(-x) = f(x)$. Der Graph von f ist punktsymmetrisch zum Koordinatenursprung O.

Ist $f(x)$ gerade, dann ist $f(x) \cos nx$ gerade und $f(x) \sin nx$ ungerade. Ist $f(x)$ ungerade, dann ist $f(x) \cos nx$ ungerade und $f(x) \sin nx$ gerade.

Ist g eine ungerade 2π - periodische Funktion, dann ist $\int_{-\pi}^{\pi} g(x)\, dx = 0$. Ist g gerade, dann ist $\int_{-\pi}^{0} g(x)\, dx = \int_{0}^{\pi} g(x)\, dx$. Hieraus folgt mit obigen Bemerkungen:

- Ist f eine gerade 2π - periodische Funktion, dann ist

  $$b_n = 0 \text{ für jedes } n \in \mathbb{N}$$

  und

  $$a_n = \frac{2}{\pi} \int_{0}^{\pi} f(x) \cos nx\, dx.$$

  Die Fourierreihe von f ist also eine reine Kosinusreihe.

- Ist f eine ungerade 2π - periodische Funktion, dann ist

  $$a_n = 0 \text{ für jedes } n \in \mathbb{N}_0$$

  und

  $$b_n = \frac{2}{\pi} \int_{0}^{\pi} f(x) \sin nx\, dx.$$

  Die Fourierreihe ist also eine reine Sinusreihe.

5.4 Konvergenz von Fourierreihen

Satz 5.4.1: Sei $f : \mathbb{R} \longrightarrow \mathbb{R}$ eine 2π - periodische Funktion. f besitze folgende Eigenschaften:

(i) Nur an endlich vielen Ausnahmestellen in $[-\pi, \pi]$ ist f nicht stetig differenzierbar.

(ii) An jeder Ausnahmestelle x_0 existieren die folgenden einseitigen Grenzwerte:

$$f(x_0+0) = \lim_{x \longrightarrow x_0+0} f(x) \quad \text{und} \quad f(x_0-0) = \lim_{x \longrightarrow x_0-0} f(x)$$

$$f'(x_0+0) = \lim_{x \longrightarrow x_0+0} f'(x) \quad \text{und} \quad f'(x_0-0) = \lim_{x \longrightarrow x_0-0} f'(x).$$

Dann gilt:

a) Die Fourierreihe F von f konvergiert an jeder Stelle x, an der f stetig differenzierbar ist, gegen $f(x)$.
An jeder Ausnahmestelle x_0 konvergiert F gegen

$$\frac{1}{2}\left(f(x_0+0) + f(x_0-0)\right).$$

b) In jedem kompakten Intervall, welches keine Unstetigkeitsstelle von f enthält, ist die Konvergenz von F gegen f gleichmäßig.

Bemerkungen:

a) Eine Funktion f mit den Eigenschaften aus (i) und (ii) von obigem Satz nennt man stückweise stetig differenzierbar.

b) In Satz 5.4.1 sind Unstetigkeitsstellen stets Ausnahmestellen; aber nicht jede Ausnahmestelle ist eine Unstetigkeitsstelle.

c) Stetige 2π - periodische Funktionen erfüllen nicht die Voraussetzungen von Satz 5.4.1. Es gilt für solche Funktionen kein entsprechendes Resultat, d.h. es gibt stetige Funktionen, deren Fourierreihe nicht gegen f konvergiert.

Es stellt sich die Frage, wie sich die Konvergenz in Intervallen mit Ausnahmestellen verhält.

Beispiel:(vgl. auch Meyberg/Vachenauer 2, Seite 293/294) Sei

$$f(x) = \begin{cases} \frac{1}{2}(\pi - x) & 0 < x < \pi \\ \\ \frac{1}{2}(-\pi - x) & -\pi < x < 0. \end{cases}$$

f werde 2π - periodisch fortgesetzt.

Dann errechnet sich die Fourierreihe $F(x)$ zu

$$\sin x + \frac{\sin 2x}{2} + \frac{\sin 3x}{3} + \ldots = \sum_{n=1}^{\infty} \frac{\sin nx}{n}.$$

Es ist $F(0) = 0$, entsprechend zu Satz 5.4.1.

Zur Berechnung von F beachte, dass f eine ungerade Funktion ist, daher ist $F(x)$ eine reine Sinusreihe und es ist $a_n = 0 \;\; \forall n \in \mathbb{N}$. Ferner gilt

$$b_n = \frac{2}{\pi} \int_0^{\pi} \frac{1}{2}(\pi - x) \sin nx \; dx =$$

$$= \left[-\frac{1}{n} \cos nx \right]_0^{\pi} - \frac{1}{\pi} \left[\frac{\sin nx}{n^2} \right]_0^{\pi} + \frac{1}{\pi} \left[\frac{x \cdot \cos nx}{n} \right]_0^{\pi} = \frac{1}{n}.$$

Also besitzt die Fourierreihe oben angegebene Gestalt. Betrachte nun

$$R_n(x) = \left(\sum_{k=1}^{n} \frac{\sin kx}{k} \right) - \frac{1}{2}(\pi - x) \;\; \text{für} \;\; 0 < x < \pi.$$

Es ist

$$R_n'(x) = \frac{1}{2}(1 + 2\cos x + 2\cos 2x + \ldots + 2\cos nx).$$

Mit Induktion und den Additionstheoremen sieht man leicht, dass

$$1 + 2\cos x + 2\cos 2x + \ldots + 2\cos nx = \begin{cases} 2n+1 & x = 2\pi \cdot l, l \in \mathbb{Z} \\ \dfrac{\sin(n+\frac{1}{2})x}{\sin \frac{x}{2}} & \text{sonst} \end{cases}.$$

Somit ist das kleinste positive x mit $R_n'(x) = 0$ gegeben durch

$$x_0 = \frac{\pi}{n + \frac{1}{2}}.$$

Setze $F_n(x) := \sum_{k=1}^{n} \frac{\sin kx}{k}$. Sicherlich ist

$$\int_0^{x_0} R_n'(x) \; dx \; = R_n(x_0) - R_n(0) = R_n(x_0) + \frac{\pi}{2}.$$

Dann ist

$$F_n(x_0) = \int_0^{x_0} \frac{\sin(n+\frac{1}{2})x}{2\sin\frac{x}{2}}\,dx - \frac{x_0}{2}$$

bzw.

$$R_n(x_0) = F_n(x_0) + \frac{x_0}{2} - \frac{\pi}{2} = \int_0^{x_0} \frac{\sin(n+\frac{1}{2})x}{2\sin\frac{x}{2}}\,dx - \frac{\pi}{2}.$$

$$\int_0^{x_0} \frac{\sin(n+\frac{1}{2})x}{2\sin\frac{x}{2}}\,dx = \int_0^{\pi} \frac{\sin u}{(2n+1)\cdot\sin\frac{u}{2n+1}}\,du.$$

Wegen $z > \sin z$ für $z > 0$ folgt mit $z = \dfrac{u}{2n+1}$, dass

$$\int_0^{\pi} \frac{\sin u}{(2n+1)\cdot\sin\frac{u}{2n+1}}\,du > \int_0^{\pi} \frac{\sin u}{u}\,du.$$

Wertet man mit dem Integralsinus das letzte Integral aus, so ergibt sich

$$R_n(x_0) > 1,8519 - \frac{\pi}{2} > 0,1789 \cdot \frac{\pi}{2}.$$

Dies gilt für jedes n. Mit wachsendem n konvergiert x_0 gegen 0.

Das Beispiel demonstriert den allgemeinen Sachverhalt.

Satz 5.4.2:(Gibbs - Phänomen) Sei f stückweise stetig differenzierbar. Die Teilsumme

$$F_n(x) = \sum_{k=0}^{n} a_k \cos kx + b_k \sin kx$$

überspringt für hinreichend großes n den Sprung zwischen Funktionswert und dem Wert der Fourierreihe an einer Unstetigkeitsstelle von f um circa $17,89\%$.

5.5 Komplexe Schreibweise von Fourierreihen

Setzt man

$$\cos nx = \frac{e^{inx} + e^{-inx}}{2} \quad \text{bzw.} \quad \sin nx = \frac{e^{inx} - e^{-inx}}{2i}$$

in die Fourierreihe einer Funktion f ein, dann ergibt sich

$$f(x) \sim \frac{a_0}{2} + \sum_{n=1}^{\infty} a_n \cos nx + b_n \sin nx =$$

$$\frac{a_0}{2} + \sum_{n=1}^{\infty} a_n \frac{e^{inx} + e^{-inx}}{2} + b_n \frac{e^{inx} - e^{-inx}}{2i} =$$

$$\underbrace{\frac{a_0}{2}}_{:=c_0} + \sum_{n=1}^{\infty} \underbrace{\frac{a_n - ib_n}{2}}_{:=c_n} e^{inx} + \frac{a_n + ib_n}{2} e^{-inx} =$$

$$= c_0 + \sum_{n=1}^{\infty} c_n e^{inx} + \overline{c_n} e^{-inx}.$$

Setzt man noch $c_{-n} := \overline{c_n}$ so erhält man schließlich mit

$$\sum_{n=-\infty}^{\infty} c_n e^{inx}$$

die Fourierreihe von f in komplexer Schreibweise.

Die Grenzwertbildung dieser Reihe ist symmetrisch zu verstehen, d.h. $\lim\limits_{j \longrightarrow \infty} \sum\limits_{j=-n}^{n} c_j e^{ijx}$ ist zu betrachten.

Mit $a_{-n} := a_n, b_{-n} := -b_n, b_0 = 0$ ist

$$c_n = \frac{a_n - ib_n}{2}, \quad n \in \mathbb{Z}.$$

Aus

$$a_n = \frac{1}{\pi} \int_{-\pi}^{\pi} f(x) \cos nx \, dx \;,\; b_n = \frac{1}{\pi} \int_{-\pi}^{\pi} f(x) \sin nx \, dx$$

folgt

$$c_n = \frac{1}{2\pi} \left(\int_{-\pi}^{\pi} f(x) \cos nx \, dx - i \cdot \int_{-\pi}^{\pi} f(x) \sin nx \, dx \right).$$

Definiert man

$$\int f(x)e^{ikx}\,dx := \int f(x)\cos kx dx + i\int f(x)\sin kx dx, \quad k \in \mathbb{Z}$$

dann ergibt sich als Fourierkoeffizient in der komplexen Schreibweise

$$c_n = \frac{1}{2\pi}\int_{-\pi}^{\pi} f(x)\cdot e^{-inx}\,dx.$$

Wir haben bislang stets Fourierreihen von reellwertigen Funktionen $f : \mathbb{R} \longrightarrow \mathbb{R}$ betrachtet. Mit der oben eingeführten Schreibweise kann man ziemlich analog allgemeiner auch Fourierreihen von Funktionen von $\mathbb{R}$ nach $\mathbb{C}$ definieren.

5.6 Rechenregeln für Fourierreihen

Seien f und g stückweise stetige 2π - periodische Funktionen mit Fourierreihen

$$f(x) \sim \sum_{n=-\infty}^{\infty} c_n e^{inx} \text{ und } g(x) \sim \sum_{n=-\infty}^{\infty} d_n e^{inx}.$$

Dann gilt:

1. Für beliebige $a, b \in \mathbb{R}$

$$(af + bg)(x) \sim \sum_{n=-\infty}^{\infty} (ac_n + bd_n)e^{inx}.$$

2.

$$f(-x) \sim \sum_{n=-\infty}^{\infty} c_{-n}e^{inx}.$$

3. Für beliebiges $a \in \mathbb{R}$

$$f(ax) \sim \sum_{n=-\infty}^{\infty} c_n e^{inax}.$$

4. Für beliebiges $a \in \mathbb{R}$

$$f(a + x) \sim \sum_{n=-\infty}^{\infty} (c_n \cdot e^{ina}) \cdot e^{inx}.$$

Wird zusätzlich vorausgesetzt, dass f stetig und stückweise stetig differenzierbar ist, dann gilt:

5.
$$f'(x) \sim \sum_{n=-\infty}^{\infty} (inc_n)e^{inx}.$$

Somit ergibt sich die Fourierreihe der abgeleiteten Funktion durch gliedweises Differenzieren der Summanden. Dies zeigt man durch partielle Integration.

Eine Funktion von $\mathbb{R}$ nach $\mathbb{C}$ differenziert man, indem man Realteil und Imaginärteil für sich differenziert und dann das Ergebnis für den Imaginärteil mit i multipliziert zu jenem des Realteils addiert. Insbesondere ergibt sich für

$$\frac{d}{dx}e^{inx} = \frac{d}{dx}(\cos nx + i \sin nx) =$$
$$-n \sin nx + in \cos nx = in(i \sin nx + \cos nx) = ine^{inx}.$$

6. f sei $2\pi-$ periodisch und integrierbar. Falls $c_0 = 0$ ist, dann ist auch $\tilde{f} := \int f(x)dx$ wieder eine 2π - periodische Funktion. Es gilt dann (wie man durch partielle Integration zeigen kann):

$$\tilde{f}(x) \sim \frac{1}{2\pi}\int_{-\pi}^{\pi} \tilde{f}(x)\, dx + \sum_{n=-\infty, n\neq 0}^{\infty} \frac{c_n}{in} e^{inx}.$$

Die Glieder von Index $\neq 0$ der Fourierreihe der Stammfunktion ergeben sich daher durch gliedweises Integrieren der Glieder der Fourierreihe von f.

Beispiele:

a) Es gilt, siehe Beispiel in Abschnitt 5.4,

$$\sum_{n=1}^{\infty} \frac{\sin nx}{n} \sim \begin{cases} \frac{1}{2}(\pi - x) \text{ für } 0 < x < \pi \\ \frac{1}{2}(-\pi - x) \text{ für } -\pi < x < 0 \end{cases}.$$

Gliedweise Integration ergibt

$$\int \sum_{n=1}^{\infty} \frac{\sin nx}{n} dx = \sum_{n=1}^{\infty} \int \frac{\sin nx}{n} dx = \sum_{n=1}^{\infty} -\frac{\cos nx}{n^2}$$

bzw.

$$\int \sum_{n=1}^{\infty} \frac{\sin nx}{n} = \begin{cases} \int \frac{1}{2}(\pi - x)dx = \frac{1}{2}(\pi x - \frac{x^2}{2}) + k \quad x \in (0, \pi) \\ \\ (-\pi - x)dx = \frac{1}{2}(-\pi x - \frac{x^2}{2}) + k \quad x \in (-\pi, 0) \end{cases}$$

Da die Stammfunktion

$$\tilde{f}(x) = \begin{cases} \frac{1}{2}(\pi x - \frac{x^2}{2}) & x \in (0, \pi) \\ \\ \frac{1}{2}(-\pi x - \frac{x^2}{2}) & x \in (-\pi, 0) \end{cases}$$

gerade ist, gilt für ihren Fourierkoeffizienten

$$a_0 = \frac{1}{2\pi} \cdot 2 \int_0^\pi \frac{1}{2}(\pi x - \frac{x^2}{2})\, dx = \frac{1}{2\pi}(\frac{\pi^3}{2} - \frac{\pi^3}{6}) = \frac{\pi^2}{6}.$$

Insgesamt ist

$$\tilde{f}(x) \sim \frac{\pi^2}{6} + \sum_{n=1}^{\infty} -\frac{\cos nx}{n^2}.$$

Da $\tilde{f}$ stetig und stückweise stetig differenzierbar ist, beachte $\tilde{f}(0) = 0$, konvergiert die Fourierreihe von $\tilde{f}$ überall gegen $\tilde{f}$. Für $x = 0$ erhält man insbesondere

$$0 = \frac{\pi^2}{6} + \sum_{n=1}^{\infty} -\frac{1}{n^2}.$$

Also ist

$$\sum_{n=1}^{\infty} \frac{1}{n^2} = \frac{\pi^2}{6}.$$

b) Differenziert man die Fourierreihe

$$\sum_{n=1}^{\infty} \frac{\sin nx}{n}$$

gliedweise, so ergibt sich

$$\sum_{n=1}^{\infty} \cos nx \quad .$$

Diese Reihe divergiert offensichtlich, da $\lim\limits_{n \longrightarrow \infty} \cos nx$ bekanntlich nicht existiert. Dies zeigt, dass man bei der Rechenregel 5 auf die Stetigkeitsvoraussetzung der Fourierreihe nicht verzichten kann.

5.7 Diskrete Fouriertransformation

Sei $\zeta_n := e^{2\pi i/n}$. Die $n \times n$ - Matrix

$$F_n := \begin{pmatrix} \zeta_n^{0\cdot 0} & \dots & \zeta_n^{(n-1)\cdot 0} \\ \zeta_n^{0\cdot 1} & \dots & \zeta_n^{(n-1)\cdot 1} \\ \vdots & & \vdots \\ \zeta_n^{0\cdot(n-1)} & \dots & \zeta_n^{(n-1)\cdot(n-1)} \end{pmatrix}$$

nennt man n - te *Fouriermatrix.*

Es gilt $\frac{1}{n}\overline{F_n}^\top = F_n^{-1}$, d.h. $\frac{1}{\sqrt{n}}F_n$ ist unitär. F_n ist offensichtlich symmetrisch.

Um zu sehen, dass $F_n \cdot \bar{F_n} = n \cdot E_n$, berechnet man das Skalarprodukt der j-ten Zeile von F_n mit der k-ten Spalte von F_n und verwendet, dass für eine n - te Einheitswurzel ζ gilt:

$$\zeta^n - 1 = 0 = (\zeta - 1) \cdot (1 + \zeta + \ldots + \zeta^{n-1}).$$

Für $\zeta \neq 1$ ist also $(1 + \zeta + \ldots + \zeta^{n-1}) = 0$.

Definition: Sei $v \in \mathbb{C}^n$. Die lineare Abbildung

$$v \mapsto F_n v$$

nennt man *diskrete Fouriertransformation.*

Es gilt also für die j - te Komponente des Bildvektors:

$$(F_n v)_j = \sum_{k=0}^{n-1} v_k e^{(2\pi i\cdot j\cdot k)/n}.$$

Dies kann man als eine Diskretisierung der kontinuierlichen Fouriertransformation betrachten, siehe nächster Abschnitt.

Beispiel: Sei $v^\top = (1, -1, 0, 1)$. Dann ist

$$F_4 v = \begin{pmatrix} 1 & 1 & 1 & 1 \\ 1 & i & -1 & -i \\ 1 & -1 & 1 & -1 \\ 1 & -i & -1 & i \end{pmatrix} \begin{pmatrix} 1 \\ -1 \\ 0 \\ 1 \end{pmatrix} = \begin{pmatrix} 1 \\ 1-2i \\ 1 \\ 1+2i \end{pmatrix}$$

Mit einem Algorithmus, der sogenannten schnellen Fouriertransformation, kann man die diskrete Fouriertransformation algorithmisch mit wenigen Operationen berechnen. Man wendet diese bei der trigonometrischen Interpolation (siehe auch Anhang B) oder auch zur schnellen Multiplikation von Polynomen an. Eine ausführliche Darlegung dieses Sachverhalts findet sich z.B. im Mathematik-Online Kurs von K.Höllig zur Fourieranalysis (siehe www.mathematik-online.org).

Wir betrachten hier ihre Anwendung auf zyklische Gleichungssysteme.

Satz 5.7.1: Eine zyklische Matrix

$$C = \begin{pmatrix} c_0 & c_{n-1} & \dots & c_1 \\ c_1 & c_0 & \dots & c_2 \\ c_2 & c_1 & \dots & c_3 \\ \vdots & \vdots & & \vdots \\ c_{n-1} & c_{n-2} & \dots & c_0 \end{pmatrix}$$

besitzt die Eigenwerte

$$\lambda_j = \sum_{k=0}^{n-1} c_k \zeta_n^{-j \cdot k}$$

und kann mit F_n diagonalisiert werden, d.h. $F_n^{-1} C F_n$ ist eine Diagonalmatrix.

Beweis: Für das Produkt von C mit der $j-$ ten Spalte von F_n gilt mit $\zeta = \zeta_n$:

$$C \begin{pmatrix} \zeta^{j \cdot 0} \\ \zeta^{j \cdot 1} \\ \vdots \\ \zeta^{j \cdot (n-1)} \end{pmatrix} = \begin{pmatrix} c_0 \zeta^{j \cdot 0} & + & c_{n-1} \zeta^{j \cdot 1} & \dots + & c_1 \zeta^{j \cdot (n-1)} \\ c_1 \zeta^{j \cdot 0} & + & c_0 \zeta^{j \cdot 1} & \dots + & c_2 \zeta^{j \cdot (n-1)} \\ & & \vdots & & \\ c_{n-1} \zeta^{j \cdot 0} & + & c_{n-2} \zeta^{j \cdot 1} & \dots + c_0 & \zeta^{j \cdot (n-1)} \end{pmatrix}.$$

Wegen $\zeta^n = 1$ gilt $\zeta^{j \cdot (n-m)} = \zeta^{-j \cdot m}$ und daher

$$\begin{pmatrix} c_0 \zeta^{j \cdot 0} & + & c_{n-1} \zeta^{j \cdot 1} & \dots + & c_1 \zeta^{j \cdot (n-1)} \\ c_1 \zeta^{j \cdot 0} & + & c_0 \zeta^{j \cdot 1} & \dots + & c_2 \zeta^{j \cdot (n-1)} \\ & & \vdots & & \\ c_{n-1} \zeta^{j \cdot 0} & + & c_{n-2} \zeta^{j \cdot 1} & \dots + & c_0 \zeta^{j \cdot (n-1)} \end{pmatrix} = \begin{pmatrix} \zeta^{j \cdot 0} \sum_{k=0}^{n-1} c_k \zeta^{-j \cdot k} \\ \zeta^{j \cdot 1} \sum_{k=0}^{n-1} c_k \zeta^{-j \cdot k} \\ \vdots \\ \zeta^{j \cdot (n-1)} \sum_{k=0}^{n-1} c_k \zeta^{-j \cdot k} \end{pmatrix}.$$

Also ist die $j-$ te Spalte von F_n ein Eigenvektor von C zum Eigenwert $\lambda_j = \sum_{k=0}^{n-1} c_k \zeta^{-j \cdot k}$.
Die Diagonalisierung rechnet man dann direkt nach. □

Folglich läßt sich die Lösung eines zyklischen Gleichungssystems der Form $Cx = b$ direkt mit Hilfe von F_n angeben; denn ist $D = (d_{ij})$ die Diagonalmatrix mit $d_{ii} = \lambda_i$, dann ist

$$C^{-1} = \frac{1}{n} F_n D^{-1} \overline{F_n}^{\top}.$$

Mit Hilfe der schnellen Fouriertransformation kann man daher Gleichungssysteme mit zyklischer Koeffizientenmatrix algorithmisch schnell lösen.

5.8 Fourierintegral und kontinuierliche Fouriertransformation

Die Fourierreihe einer $2T$ - periodischen Funktion hat die Gestalt

$$a_0 + \sum_{n=1}^{\infty} (a_n \cos(\omega_n x) + b_n \sin(\omega_n x))$$

mit $\omega_n = \frac{n\pi}{T}$.

Für die Fourierkoeffizienten gilt:

$$a_0 = \frac{1}{2T} \int_{-T}^{T} f(x)\, dx$$

$$a_n = \frac{1}{T} \int_{-T}^{T} f(x) \cos(\omega_n x)\, dx$$

$$b_n = \frac{1}{T} \int_{-T}^{T} f(x) \sin(\omega_n x)\, dx$$

Man erhält dies, indem man durch $\tilde{x} = \frac{\pi x}{T}$ skaliert und dann mit $f(x) = g(\tilde{x})$ für die 2π - periodische Funktion g die Fourierkoeffizienten nach Abschnitt 5.2 bestimmt und dann zurücksubstituiert.

Sei $f(t)$ eine nicht notwendig periodische Funktion. Definiere f_T durch $f_T(t) = f(t)$ für $-T \leq t \leq T$ und dehne dann f_T $2T$ - periodisch aus. Wir nehmen nun an, dass die $2T$ - periodische Funktion f_T durch eine Fourierreihe dargestellt werden kann, d.h. es gilt

$$f_T(x) \;=\; a_0 + \sum_{n=1}^{\infty} (a_n \cos(\omega_n x) + b_n \sin(\omega_n x))\,.$$

Setzt man in diese Reihe die Fourierkoeffizienten (mit Integrationsvariabler t) ein, dann ergibt sich

$$f_T(x) = \frac{1}{2T}\int_{-T}^{T} f(t)\,dt$$

$$+\sum_{n=1}^{\infty}\left(\frac{1}{T}\int_{-T}^{T} f(t)\cos(\omega_n t)\,dt\cdot\cos(\omega_n x)+\frac{1}{T}\int_{-T}^{T} f(t)\sin(\omega_n t)\,dt\cdot\sin(\omega_n x)\right).$$

Mit $\Delta w = w_{n+1} - w_n = \frac{\pi}{T}$ bzw. $\frac{1}{T} = \frac{\Delta w}{\pi}$ folgt dann

$$f_T(x) = \frac{1}{2T}\int_{-T}^{T} f(t)\,dt$$

$$+\frac{1}{\pi}\sum_{n=1}^{\infty}\left(\cos(\omega_n x)\Delta w\int_{-T}^{T} f(t)\cos(\omega_n t)\,dt+\sin(\omega_n x)\Delta w\int_{-T}^{T} f(t)\sin(\omega_n t)\,dt\right).$$

Diese Reihe gilt für jedes feste T. Läßt man nun T gegen ∞ gehen dann resultiert hieraus die nicht periodische Funktion

$$f(x) = \lim_{T\longrightarrow\infty} f_T(x).$$

Da $\frac{1}{T} \longrightarrow 0$ und $\Delta w \longrightarrow 0$ sollte obige Reihe in die Form

$$f(x) = \frac{1}{\pi}\int_{0}^{\infty}\left(\cos(wx)\int_{-\infty}^{\infty} f(t)\cos(wt)\,dt+\sin(wx)\int_{-\infty}^{\infty} f(t)\sin(wt)\,dt\right)dw.$$

übergehen.

Setzt man

$$A(w) = \frac{1}{\pi}\int_{-\infty}^{\infty} f(t)\cos(wt)\,dt \quad \text{bzw.} \quad B(w) = \frac{1}{\pi}\int_{-\infty}^{\infty} f(t)\sin(wt)\,dt$$

dann nennt man

$$f(x) = \int_{0}^{\infty}(A(w)\cos wx + B(w)\sin wx)\,dw$$

eine Darstellung von f als reelles *Fourierintegral.*

Eine Funktion $f(x)$ nennt man *absolut integrierbar,*[1] wenn der Cauchy-Hauptwert $\lim_{R\longrightarrow\infty}\int_{-R}^{R}|f(x)|\ dx$ existiert (dies ist sicherlich der Fall, wenn sowohl $\lim_{c\longrightarrow-\infty}\int_{c}^{0}|f(x)|\ dx$ als auch $\lim_{k\longrightarrow\infty}\int_{0}^{k}|f(x)|\ dx$ existieren). Man schreibt für den Cauchy-Hauptwert einer Funktion $g(x)$

$$\int_{-\infty}^{\infty} g(x)\ dx.$$

Satz 5.8.1: Ist $f:\mathbb{R}\longrightarrow\mathbb{R}$ in jedem endlichen Intervall stückweise stetig, besitzt f an jeder Stelle sowohl eine Ableitung von links als auch von rechts und ist f absolut integrierbar, dann kann f als reelles Fourierintegral dargestellt werden. An einer Unstetigkeitsstelle x_0 von f ist der Wert des Fourierintegrals $\frac{1}{2}(\lim_{x\longrightarrow x_0+0} f(x) + \lim_{x\longrightarrow x_0-0} f(x))$.

Schreibt man das reelle Fourierintegral als

$$f(x) \;=\; \frac{1}{\pi}\int_{0}^{\infty}\int_{-\infty}^{\infty} f(t)(\cos(wt)\cos(wx)+\sin(wt)\sin(wx))\ dt\ dw$$

und wendet das Additionstheoreme $\cos(wx-wt)=\cos wx\cos wt+\sin wt\sin wx$ an, dann ergibt sich unter der Berücksichtigung, dass der Kosinus eine gerade Funktion ist

$$f(x)=\frac{1}{2\pi}\int_{-\infty}^{\infty}\int_{-\infty}^{\infty} f(t)\cos(wx-wt)\ dt\ dw.$$

Da der Sinus ungerade ist, ist $g(t)=\int_{-\infty}^{\infty} f(t)\sin(wx-wt)\ dt\ dw$ ungerade und somit folgt

$$0 \;=\; \frac{1}{2\pi}\int_{-\infty}^{\infty}\int_{-\infty}^{\infty} f(t)\sin(wt-wx)\ dt\ dw.$$

Mit der Eulerformel $e^{i(wx-wt)}=\cos(wx-wt)+i\sin(wx-wt)$ ergibt sich schließlich das komplexe *Fourierintegral*

$$f(x)=\frac{1}{2\pi}\int_{-\infty}^{\infty}\left(\int_{-\infty}^{\infty} f(t)e^{-iwt}\ dt\right)e^{iwx}\ dw\ .$$

[1]Manche Autoren verlangen zu absoluter Intergrierbarkeit auch noch zusätzlich, dass f in jedem endlichen Intervall stückweise stetig ist.

Definition: Sei $f : \mathbb{R} \longrightarrow \mathbb{R}$. Unter der Fouriertransformierten von f versteht man

$$F(f)(w) := \frac{1}{\sqrt{2\pi}} \int_{-\infty}^{\infty} f(x) e^{-iwx} \, dx \, .$$

Setzt man dies in das komplexe Fourierintegral ein, so ergibt sich

$$f(x) = \frac{1}{\sqrt{2\pi}} \int_{-\infty}^{\infty} F(f)(w) e^{iwx} \, dw \, .$$

Dies nennt man die Inverse der Fouriertransformierten $F(f)$. Statt $F(f)$ schreibt man häufig auch $\hat{f}(w)$.

Die Abbildung $f \mapsto F(f)$ nennt man *Fouriertransformation*. Erste Frage an dieser Stelle ist, unter welchen Bedingungen an f die Fouriertransformierte $F(f)$ überhaupt existiert.

Satz 5.8.2: Ist $f : \mathbb{R} \longrightarrow \mathbb{R}$ in jedem endlichen Intervall stückweise stetig und absolut integrierbar. Dann existiert die Fouriertransformierte $F(f)$.

Beispiele:

a) Sei $f(t) = \begin{cases} e^{-t} & , t \geq 0 \\ 0 & , t < 0 \end{cases}$. Dann ist

$$\sqrt{2\pi} \cdot F(f)(\omega) = \int_{-\infty}^{\infty} e^{-i\omega t} f(t) \, dt = \int_{0}^{\infty} e^{-i\omega t} e^{-t} \, dt = \frac{1}{1 + i\omega} \quad .$$

b) Sei $f(t) = e^{-t^2}$. Dann ist

$$F(f)(\omega) = \frac{1}{\sqrt{2\pi}} \int_{-\infty}^{\infty} e^{-i\omega t - t^2} \, dt = \frac{1}{\sqrt{2\pi}} e^{-\frac{1}{4}\omega^2} \int_{-\infty}^{\infty} e^{-(t + \frac{i\omega}{2})^2} \, dt \, .$$

Mit der Substitution $v = t + \frac{i\omega}{2}$ schreibt sich das letzte Integral als $I = \int_{-\infty}^{\infty} e^{-v^2} \, dv$.

Quadriert man I, schreibt es als ein Doppelintegral und verwendet dann Polarkoordinaten dann erhält man

$$I^2 = (\int_{-\infty}^{\infty} e^{-v^2} \, dv)(\int_{-\infty}^{\infty} e^{-u^2} \, du) = \int_{-\infty}^{\infty} \int_{-\infty}^{\infty} e^{-v^2 - u^2} \, dv \, du =$$

$$\int_{0}^{2\pi} \int_{0}^{\infty} r e^{-r^2} \, dr d\varphi \; = \; \pi \, .$$

Somit ist $I = \sqrt{\pi}$ und daher

$$F(e^{-t^2})(\omega) = \frac{\sqrt{\pi}}{\sqrt{2\pi}} e^{-\frac{1}{4}\omega^2} = \frac{1}{\sqrt{2}} e^{-\frac{1}{4}\omega^2} .$$

Satz 5.8.3:(Eigenschaften der Fouriertransformation)

a) (Linearität) f und g seien Funktionen, die den Voraussetzungen des Satzes 5.8.2 genügen. Für $a, b \in \mathbb{R}$ gilt dann $F(af + bg) \;=\; aF(f) + bF(g)$.

b) Sei f stetig und es gelte $\lim_{t \longrightarrow \infty} f(t) = 0$. Ferner erfülle f' die Voraussetzung von Satz 5.8.2. Dann ist $F(f'(x)) \;=\; i w F(f(x))$.

Beispiele: Mit Hilfe von Satz 5.8.3.b) und vorigem Beispiel b) erhält man sofort die Fouriertransformierte für $f(t) = te^{-t^2} = -\frac{1}{2}\frac{d}{dt}e^{-t^2}$ zu

$$F(f)(\omega) = -\frac{i\omega}{2\sqrt{2}}e^{-\frac{1}{4}\omega^2}.$$

Auf die Voraussetzung an die Stetigkeit in Satz 5.8.3 b) kann nicht verzichtet werden, denn für

$$f(t) = \begin{cases} -e^{-t} & , t \geq 0 \\ 0 & , t < 0 \end{cases}$$

würde sich nach obigem Beispiel a) und 5.8.3 b) die Fouriertransformierte als

$$F(f')(\omega) = \frac{i\omega}{1 + i\omega} \cdot \frac{1}{\sqrt{2\pi}}$$

berechnen. Nach Satz 5.8.3 a) (oder nach direkter Rechnung) müsste sich jedoch $\frac{-1}{1+i\omega} \cdot \frac{1}{\sqrt{2\pi}}$ ergeben.

Unter der *Faltung* (auch *Konvolution* genannt) $f * g$ zweier Funktionen $f, g : \mathbb{R} \longrightarrow \mathbb{R}$ versteht man die Funktion, die durch

$$(f * g)(x) := \int_{-\infty}^{\infty} f(s)g(x - s)\, ds$$

definiert ist. Es ist

$$\int_{-\infty}^{\infty} f(s)g(x - s)\, ds = \int_{-\infty}^{\infty} f(x - s)g(s) ds.$$

Satz 5.8.4: f und g seien Funktionen, die den Voraussetzungen des Satzes 5.8.2 genügen. Dann gilt:

$$F(f * g) \;=\; \sqrt{2\pi}F(f) \cdot F(g).$$

Fourierintegrale und Fouriertransformationen finden ihre Anwendungen insbesondere bei partiellen Differentialgleichungen. Hierzu werden wir in Abschnitt 6.6 näher eingehen. Bei gewöhnlichen Differentialgleichungen ist die Laplacetransformation, die im nächsten Abschnitt betrachtet wird, vorzuziehen, da die Fouriertransformation weitgehend nur auf absolut integrierbare Funktionen angewandt werden kann.

5.9 Laplacetransformation

Wir betrachten in diesem Abschnitt eine weitere Integraltransformation, die auf den ersten Blick thematisch nicht unmittelbar mit der Fourieranalysis zusammenhängt, aber ähnliche Eigenschaften wie die Fouriertransformation besitzt und - wie sich zeigen wird - mit ihr doch eng verwandt ist.

Definition: Sei $f(t) : \mathbb{R}_0 \longrightarrow \mathbb{R}$. Falls das uneigentliche Parameterintegral

$$F(s) := \int_0^\infty e^{-st} f(t)\, dt$$

existiert, dann nennt man $F(s)$ die *Laplacetransformierte* $L(f)$ von f. Die Abbildung $f \mapsto L(f)$ heißt *Laplacetransformation.*

Im Folgenden betrachten wir $L(f)$ als eine Funktion von $\mathbb{R}$ nach $\mathbb{C}$. Im Allgemeinen wird $L(f)$ als Funktion von $\mathbb{C}$ nach $\mathbb{C}$ betrachtet. Dies erfordert aber an manchen Stellen Kenntnisse der komplexen Analysis, die erst später in §7 vorgestellt werden. Wir nehmen also an, dass $s \in \mathbb{R}$ ist.

Beispiele:

a) Sei $f(t) = c$ eine Konstante. Dann ist $L(f) = \int_0^\infty ce^{-st}\, dt = \left[\frac{-c}{s}e^{-st}\right]_0^\infty = \frac{c}{s}$ $(s > 0)$.

b) Für $f(t) = t^n$ folgt mit partieller Integration und Induktion

$$L(f) = \int_0^\infty t^n e^{-st}\, dt = \frac{n!}{s^{n+1}} \quad (s > 0).$$

Die Laplacetransformation ist linear.

Satz 5.9.1: Falls für f und g Laplacetransformierte existieren, dann gilt innerhalb des gemeinsamen Definitionsbereiches für $a, b \in \mathbb{R}$

$$L(af(t) + bg(t)) = aL(f(t)) + bL(g(t)) \ .$$

Folgender Satz gibt eine hinreichende Bedingung für die Existenz der Laplacetransformierten.

Satz 5.9.2: Sei f für $t \geq 0$ in jedem endlichen Intervall stückweise stetig und gilt

$$|f(t)| \leq Ce^{-kt} \quad \forall t \geq 0$$

mit Konstanten k und C, dann existiert die Laplacetransformierte L(f)(s) für $s > k$.

Beispiel: Für $f(t) = e^{it}$ und $t \geq 0$ ist

$$L(e^{it}) = \int_0^\infty e^{-st} e^{it}\, dt = \Big[\frac{1}{i-s} e^{-st} e^{it}\Big]_0^\infty = \frac{1}{s-i} \quad .$$

Nach Satz 5.9.2 existieren die Laplacetransformierten von $\sin t$ und $\cos t$ (setze k = 0 und C = 1). Nach Satz 5.9.1 gilt dann mit $e^{it} = \cos t + i \sin t$

$$\frac{1}{s-i} = \frac{s}{s^2+1} + i\frac{1}{s^2+1} = L(\cos t) + iL(\sin t) \ .$$

Real - und Imaginärteilvergleich ergibt dann die Laplacetransformierten für Sinus und Kosinus:

$$L(\sin t) = \frac{1}{s^2+1} \quad \text{und} \quad L(\cos t) = \frac{s}{s^2+1} \ .$$

Satz 5.9.3: Seien $f(t), f'(t), \ldots, f^{(n-1)}(t)$ für $t \geq 0$ stetig und es gelte für $1 \leq i \leq n-1$

$$|f^{(i)}(t)| \leq Ce^{-kt} \qquad \forall t \geq 0 \ .$$

Ferner sei $f^{(n)}(t)$ für $t \geq 0$ in jedem endlichen Intervall stückweise stetig. Dann existiert $L(f^{(n)})(s)$ für $s > k$ und es gilt

$$L(f^{(n)}) = s^n L(f) - s^{n-1} f(0) - s^{(n-2)} f'(0) - \ldots - f^{(n-1)}(0) \ .$$

Insbesondere im Fall $n = 1$ gilt:

$$L(f') = sL(f) - f(0) \ .$$

Hauptanwendungsgebiet der Laplacetransformation sind Differentialgleichungen. In einem ersten Schritt übersetzt man die gegebene Differentialgleichung in eine einfache Hilfsgleichung rein algebraischer Natur. Diese wird mit algebraischen Hilfsmitteln gelöst und dann zurücktransformiert. Wir erläutern dies am Beispiel von Differentialgleichungen mit konstanten Koeffizienten 2. Ordnung.

Beispiel: Gegeben sei das Anfangswertproblem

$$y'' + ay' + by = e^{-t} \quad \text{mit} \quad y(0) = -1, \quad y'(0) = 1 \ .$$

Mit $L(e^{-t}) = \frac{1}{1+s}$ und nach den vorigen Sätzen folgt

$$L(y'' + ay' + by) = L(y'') + aL(y') + bL(y) = s^2 L(y) - s(-1) - 1 + a(sL(y) - (-1)) + bL(y)$$

$$= (s^2 + as + b)L(y) + s + a - 1 = \frac{1}{1+s} \ .$$

Daher ist

$$L(y) \;=\; (\frac{1}{1+s} - s + 1 - a)\cdot\frac{1}{s^2+as+b}\;.$$

Ist $a = 2$ und $b = 1$, dann ergibt sich konkret

$$L(y) \;=\; \frac{1}{(s+1)^3} - \frac{s+1}{(s+1)^2} = -\frac{1}{s+1} + \frac{1}{(s+1)^3}\;.$$

Es stellt sich jetzt die Frage der Rücktransformation. Diese ist überhaupt nur dann möglich, wenn die Laplacetransformation umkehrbar ist, also insbesondere injektiv ist und somit für Funktionen $f = L(y)$ im Bild der Laplacetransformation eine Umkehrabbildung L^{-1} existiert. Weiter stellt sich, wenn dies gewährleistet ist, die Frage, wie man $L^{-1}(L(y))$ berechnet; also konkret im obigen Beispiel

$$L^{-1}(-\frac{1}{s+1} + \frac{1}{(s+1)^3}) \;= ?$$

Da eine Rücktransformation als Inverse einer linearen Transformation linear ist, reduziert sich diese Frage zur Bestimmung von

$$L^{-1}(\frac{1}{s+1}) \quad \text{und von} \quad L^{-1}(\frac{1}{(s+1)^3})\;.$$

Zunächst gilt:

Satz 5.9.4: Die Laplacetransformation ist umkehrbar.

Den **Beweis** kann man dadurch führen, dass man die Umkehrbarkeit auf die Umkehrbarkeit der Fouriertransformation zurückführt. Genauer gilt:

Ist $L(f)$ die Laplacetransformierte der Funktion $f : [0,\infty) \longrightarrow \mathbb{C}$, so kann man f zunächst auf ganz $\mathbb{R}$ ausdehnen durch $f(x) = 0$ für $x < 0$. Wählt man dann $s = s_1 + is_2$, dann ist

$$\int_0^\infty e^{-st} f(t)\,dt = \int_{-\infty}^\infty e^{-st} f(t)\,dt = \int_{-\infty}^\infty e^{-is_2t}e^{-s_1t} f(t)\,dt = \sqrt{2\pi}F(e^{-s_1t}f(t))(s_2).$$

Die Umkehrabbildung der Fouriertransformation angewandt auf

$$\frac{1}{\sqrt{2\pi}}L(f)(s_2) \;=\; F(e^{-s_1t}f(t))(s_2)$$

zeigt

$$\frac{f(t+0)+f(t-0)}{2} = \frac{1}{2\pi}\int_{-\infty}^{\infty} e^{(s_1+is_2)t}L(f)\,ds_2\ .$$

Daher ist f an Stetigkeitsstellen durch $L(f)$ eindeutig bestimmt. □

Fortsetzung des Beispiels: Da $L(e^{-t}) = \frac{1}{1+s}$ ist $L(-e^{-t}) = -\frac{1}{1+s}$ und somit $L^{-1}(-\frac{1}{1+s}) = -e^{-t}$. Um $L^{-1}((\frac{1}{1+s})^3)$ zu berechnen ist folgender Satz hilfreich:

Satz 5.9.5: Falls $f(t)$ die Laplacetransformierte $L(f)(s)$ für $s > k$ besitzt, dann hat $e^{at}f(t)$ die Laplacetransformierte $L(f)(s-a)$ für $s-a > k$, also

$$L(e^{at}f(t))(s) = L(f)(s-a)\ .$$

Ferner gilt:

$$e^{at}f(t) = L^{-1}(L(f)(s-a))(t)\ .$$

Die zweite Formel folgt aus der ersten durch Anwendung von L^{-1}.

Abschluss des Beispiels: Wegen $L(t^2)(s) = \dfrac{2}{s^3}$ ist daher $L(t^2e^{-t}) = \dfrac{2}{(s+1)^3}$, also

$$L^{-1}(\frac{1}{(1+s)^3}) = \frac{1}{2}t^2e^{-t}.$$

Insgesamt ergibt sich für die Lösung der konkreten Differentialgleichung

$$y(t) = (\frac{1}{2}t^2 - 1)e^{-t}.$$

Das Beispiel ist insofern typisch, dass man für die Rücktransformation L^{-1} in der Regel zur Anwendung von Rechenregeln und/oder zu tabellierten Laplacetransformierten greift. Für Tabellen wichtiger Laplacetransformierter sei z.B. auf [Meyberg-Vachenauer 2] verwiesen.

Bezüglich des Faltungsprodukts

$$(f * g)(t) := \int_0^t f(t-x)g(x)\,dx$$

hält eine der Fouriertransformation entsprechende Formel:

Satz 5.9.6: Unter der Voraussetzung, dass f und g Laplacetransformierte $L(f)$ und $L(g)$ haben, gilt:

$$L((f*g)(t)) = L(f)\cdot L(g).$$

Beispiel: Als Illustration und Anwendung von Satz 5.9.6 behandeln wir ganz allgemein das AWP

$$y'' + ay' + by = r(t), \quad y(0) = y'(0) = 0.$$

Von der Störfunktion $r(t)$ werde angenommen, dass sie eine Laplacetransformierte besitzt.

Wie im vorigen Beispiel sieht man zunächst, dass

$$L(y) = ((s+a)y(0) + y'(0)) \cdot \frac{1}{s^2 + as + b} \; + \; L(r) \cdot \frac{1}{s^2 + as + b} \quad .$$

Wegen $y(0) = y'(0) = 0$ folgt

$$L(y) = L(r) \cdot \frac{1}{s^2 + as + b} \quad .$$

Daher läßt sich Satz 5.9.6 anwenden und ergibt:

$$L((r * q)(t)) \; = \; L(r) \cdot \frac{1}{s^2 + as + b}$$

mit $q(t) = L^{-1}(\frac{1}{s^2 + as + b})$

bzw. nach Anwenden von L^{-1}

$$y \; = \; \int_0^t q(t-x) r(x) dx \; .$$

Letztlich läßt sich q mit Hilfe von Tabellen bestimmen, indem man $\frac{1}{s^2 + as + b}$ in Partialbrüche zerlegt.

Tabelle einiger Laplacetransformierter:

Ausgangsfunktion $f(t)$	Laplacetransformierte $L(f(t))(s)$	Ausgangsfunktion $f(t)$	Laplacetransformierte $L(f(t))(s)$
1	$\frac{1}{s}$	$t^n\,,\quad n \in \mathbb{N}$	$\frac{n!}{s^{n+1}}$
e^t	$\frac{1}{s-1}$	e^{ct}	$\frac{1}{s-c}$
$\sin t$	$\frac{1}{1+s^2}$	$\cos t$	$\frac{s}{1+s^2}$
$\sinh t$	$\frac{1}{s^2-1}$	$\cosh t$	$\frac{s}{s^2-1}$
$t \sin t$	$\frac{2s}{(s^2+1)^2}$	$t \cos t$	$\frac{s^2-1}{(s^2+1)^2}$

Bemerkungen: Integraltransformationen sind in vielen Anwendungen auch für nicht stetige Funktionen bzw. für sogenannte verallgemeinerte Funktionen (die man auch Distributionen nennt) von Interesse.

a) Die Heaviside - Funktion $h_c(x)$ ist durch $h_c(t) := \begin{cases} 0 \text{ für } 0 \le t < c \\ 1 \text{ für } t \ge c \end{cases}$ definiert.

Für ihre Laplacetransformierte gilt: $L(h_c)(s) = \begin{cases} \frac{e^{-cs}}{s} \text{ für } c \ne 0 \\ \frac{1}{s} \text{ für } c = 0 \end{cases}$.

b) Die Diracsche Deltafunktion ist genau genommen keine Funktion. Man kann sie schlampig durch

$$\delta(t) := \begin{cases} \infty & \text{für } t = 0 \\ 0 & \text{für } t \ne 0 \end{cases}$$

definieren. Für ihre Laplacetransformierte gilt

$$L(\delta) = 1\,,$$

bzw. allgemeiner

$$L(\delta(t-c))(s) \;=\; e^{-cs}.$$

Kapitel 6

Partielle Differentialgleichungen

Sei $D \subset \mathbb{R}^n, D = D^o$ und $x = (x_1, \ldots, x_n) \in D$. Unter einer partiellen Differentialgleichung (kurz PDG oder partielle DGL) für eine Funktion $y(x) = y(x_1, \ldots, x_n)$ mehrerer Veränderlicher versteht man eine Gleichung, die von endlich vielen partiellen Ableitungen von $y(x)$ abhängt, also eine Gleichung der Form

$$g\left(x, y(x), \frac{\partial}{\partial x_1}y, \ldots, \frac{\partial}{\partial x_n}y, \ldots, \frac{\partial^k}{\partial x_1^{a_1} \ldots \partial x_n^{a_n}}y\right) = 0.$$

g ist eine Funktion von $G \subseteq \mathbb{R}^m$ nach $\mathbb{R}$ – $m-2$ ist die Anzahl der partiellen Ableitungen, die als Argument von g auftreten. In den Argumenten von g seien die partiellen Ableitungen o.B.d.A. mit aufsteigender Ordnung angeordnet. $k = a_1 + \ldots + a_n$ nennt man dann die Ordnung der partiellen DGL. Die partiellen Ableitungen höchsten Grades, die in die Gleichung involviert sind, definieren also die Ordnung der partiellen DGL.

Besitzt die Gleichung die Form

$$f\left(x, y(x), y'(x), \ldots, y^{(n)}(x)\right) = 0$$

dann spricht man von einer *gewöhnlichen* Differentialgleichung n - ter Ordnung für eine Funktion $y = y(x)$ einer reellen Veränderlichen. f ist eine Funktion von $G \subset \mathbb{R}^{n+2}$ nach $\mathbb{R}$.

6.1 Die schwingende Saite

Ausgangspunkt ist eine Saite der Länge π , die an den Punkten $(0,0)$ und $(\pi,0)$ der x - Achse eingespannt ist. In Bewegung besitze sie zum Zeitpunkt t im Punkt $(x,0)$

die Auslenkung $y(x,t)$. Die Funktion $y(x,t)$ genügt der partiellen Differentialgleichung 2.Ordnung

$$y_{tt}(x,t) = c^2 y_{xx}(x,t).$$

Zur Lösung macht man den Separationsansatz

$$y(x,t) = v(x) \cdot w(t).$$

Ansätze dieser Art führen bei einigen partiellen DGL zu Erfolg. Sicherlich ist

$$y_{tt} = v(x) \cdot w_{tt}(t) \text{ bzw. } y_{xx} = w(t) \cdot v_{xx}(x).$$

Einsetzen in die partielle DGL ergibt dann

$$w_{tt} \cdot v(x) = c^2 y_{xx} = c^2 w(t) \cdot v_{xx}.$$

$w(t) = 0$ zieht $y(x,t) = 0$ nach sich. Dies ist sicherlich eine Lösung der partiellen DGL, sie beschreibt die ruhende Saite. Im folgenden soll diese Triviallösung ausgeschlossen werden. Somit ist $w(t)$ nicht die Nullfunktion und genauso sieht man, dass dann $v(x)$ nicht identisch 0 ist. $y(x,t)$ ist sicherlich eine stetige Funktion. Daher ist $y(x,t)$ in einer ganzen Umgebung eines Punktes (x_0, t_0) von 0 verschieden. Division der letzten Gleichung führt zu

$$\frac{w_{tt}(t)}{w(t)} = c^2 \frac{v_{xx}(x)}{v(x)}.$$

Diese Gleichung muss also in einer ganzen Umgebung von (x_0, t_0) gelten. t und x sind voneinander unabhängige Variable. Somit lassen sich zu festgehaltenem x verschiedene Werte von t finden, so dass die Gleichung erfüllt ist. Dies kann nur dann der Fall sein, wenn

$$\frac{w_{tt}(t)}{w(t)} = k = \text{ const.}$$

ist. Analog sieht man durch Festhalten von t

$$c^2 \frac{v_{xx}}{v(x)} = k = \text{ const.}$$

mit der gleichen Konstante k wie zuvor.

Somit genügen v und w Differentialgleichungen mit konstanten Koeffizienten und je nach Vorzeichen von k ergeben sich folgende Möglichkeiten für v und w.

O.B.d.A. nehmen wir im folgenden an, dass $c^2 = 1$ ist.

Fall 1: $k > 0$.

$$\begin{array}{rcl} v &=& c_1 e^{\sqrt{k}x} + c_2 e^{-\sqrt{k}x} \\ w &=& d_1 e^{\sqrt{k}t} + d_2 e^{-\sqrt{k}t} \end{array}$$

Fall 2: $k = 0$.

$$\begin{array}{rcl} v &=& c_1 + c_2 x \\ w &=& d_1 + d_2 t \end{array}$$

Fall 3: $k < 0$.

$$\begin{array}{rcl} v &=& c_1 \sin(\sqrt{-k}x) + c_2 \cos(\sqrt{-k}x) \\ w &=& d_1 \sin(\sqrt{-k}t) + d_2 \cos(\sqrt{-k}t) \end{array}$$

Man verifiziert durch Einsetzen, dass die so erhaltenen Lösungen auch wirklich Lösungen der partiellen Differentialgleichung sind.

Die Einspannbedingungen der Saite bewirken, dass die Lösungen zusätzlich Randwerten genügen müssen. Man spricht dann bei Differentialgleichungen (ob partiell oder ob gewöhnlich) von einem Randwertproblem, kurz RWP. Für eine Lösung $y(x,t)$ muss also gelten

$$y(0,t) = 0 \text{ und } y(\pi,t) = 0.$$

Hieraus folgt $v(0) = 0$ und $v(\pi) = 0$. In Fall 1 und Fall 2 überzeugt man sich dann leicht, dass nur $v = 0$ und somit $y = 0$ diesen Randwerten genügen. Den Trivialfall der ruhenden Saite hatten wir jedoch bereits ausgeschlossen.

Im 3.Fall folgt aus $v(0) = 0$, dass $c_2 = 0$ ist. $v(\pi) = 0$ erzwingt dann $c_1 \sin(\sqrt{(-k)}\pi) = 0$. Folglich ist $\sqrt{-k} \in \mathbb{N}$, also $-k = n^2$ für ein $n \in \mathbb{N}$.

Somit ergeben sich als Lösungen des Randwertproblems

$$y(x,t) = c_1 \sin nx (d_1 \cos nt + d_2 \sin nt)$$

bzw. nach Ausmultiplizieren und Einführen neuer Konstanten

$$y(x,t) = \sin nx (a_n \cos nt + b_n \sin nt).$$

Die eigentlich interessante Frage bei einer schwingenden Saite ist natürlich die Frage, wie sie schwingen wird, wenn sie durch Anzupfen in eine ganz bestimmte Ausgangslage gebracht wird. Wir stellen also zusätzlich die Anfangsbedingungen

$$y(x,0) = g(x)\ ,\quad y_t(x,0) = h(x).$$

$g(x)$ stellt die Anfangslage, $h(x)$ die Anfangsgeschwindigkeit dar.

Man erhält dann ein sogenanntes Randanfangswertproblem, kurz RAWP. Mit sieht leicht, dass beliebige Linearkombinationen aus Lösungen des RWP wiederum Lösungen des RWP sind. Unter der Voraussetzung, dass unendliche Linearkombinationen Sinn machen, dass also folgende unendliche Reihe konvergiert, kommt man zu folgendem Ansatz für eine Lösung des RAWP:

$$y(x,t) = \sum_{n=1}^{\infty} \sin nx(a_n \cos nt + b_n \sin nt).$$

Die Anfangsbedingung $y(x,0) = g(x)$ ergibt dann

$$y(x,0) = \sum_{n=1}^{\infty} a_n \sin nx \stackrel{!}{=} g(x).$$

Wir stehen dann also in ganz natürlicher Weise vor dem Problem die Funktion $g(x)$ im Intervall $[0,\pi]$ in eine reine Sinusreihe zu entwickeln, welches sich unter geeigneten Bedingungen an die Stetigkeit und Differenzierbarkeit von $g(x)$ im Rahmen der Theorie von Fourierreihen eindeutig lösen läßt – setzt man $g(x)$ als ungerade Funktion auf das Intervall $(-\pi,\pi]$ fort, so ergibt sich eine reine Sinusreihe als Fourierreihe auf dem Intervall $(-\pi,\pi]$ und somit auch auf $[0,\pi]$. Die Koeffizienten a_n des Ansatzes sind dann bestimmt.

Nimmt man an, dass die Reihe für $y(x,t)$ gliedweise partiell nach t abgeleitet werden kann, also Differentiation und Summation vertauschen, so folgt.

$$y_t(x,t) = \sum_{n=1}^{\infty} \sin nx \cdot n \cdot (-a_n \sin cnt + b_n \cos cnt).$$

Die Bedingung für die Anfangsgeschwindigkeit ergibt dann

$$y_t(x,0) = \sum_{n=1}^{\infty} b_n \cdot n \sin nx \stackrel{!}{=} h(x).$$

Somit ist auch $h(x)$ in eine reine Sinusreihe zu entwickeln.
Die Theorie der Fourierreihen zeigt, dass dies in der Tat bei genügenden Stetigkeits- und Differenzierbarkeitseigenschaften von $g(x)$ und $h(x)$ mit der gewünschten Konvergenzeigenschaft möglich ist. Die Koeffizienten b_n des Ansatzes für $y(x,t)$ sind dann bestimmt und insgesamt kann somit das RAWP gelöst werden.

6.2 Autonome Systeme

Unter einem *autonomen System* versteht man ein DGL -System der Form

$$Y' = g(Y)$$

mit

$$Y = \begin{pmatrix} y_1(t) \\ \vdots \\ y_n(t) \end{pmatrix} \text{ und } Y' = \begin{pmatrix} y_1'(t) \\ \vdots \\ y_n'(t) \end{pmatrix}$$

und einem Vektorfeld

$$g : D \longrightarrow \mathbb{R}^n, g = \begin{pmatrix} g_1(y_1, \ldots, y_n) \\ \vdots \\ g_n(y_1, \ldots, y_n) \end{pmatrix}.$$

Die rechte Seite des Systems hängt also nur von $y_1, \ldots y_n$ und nicht auch noch zusätzlich von t ab. Dies erklärt den Namen *autonom*. Wir nehmen im folgenden an, dass g stetig differenzierbar ist.

Für beliebige, also auch nicht autonome DGL - Systeme der Form

$$Y' = \tilde{g}(t, Y)$$

gilt folgender Existenz- und Eindeutigkeitssatz .

Satz 6.2.1: Ist $\tilde{g}(t,Y)$ für $a < t < b$ und Y auf einem Gebiet D von $\mathbb{R}^n$ stetig partiell nach $y_1, \ldots, y_n$ differenzierbar, dann gibt es zu jedem $t_0 \in (a,b)$ und $(y_{01}, \ldots, y_{0n}) \in D$ genau eine maximale Lösung des Anfangswertproblems $Y' = \tilde{g}(t,Y), Y(t_0) = (y_{01}, \ldots, y_{0n})$.

Hierbei nennt man eine Lösung maximal, wenn sie sich nicht mehr auf ein größeres Intervall ausdehnen läßt.

Nach diesem Existenz- und Eindeutigkeitssatz besitzt ein autonomes System zu jedem $a \in D$ eine maximale Lösung, die zur Zeit t_0 durch a geht. Bezeichne $Y_a(t)$ diese Lösung. Eine Funktion $u : D \longrightarrow \mathbb{R}$ heißt *erstes Integral* des Systems, wenn

$$\forall_{a\in D}\forall_{t\in I}\quad u(a) = u(Y_a(t)),$$

d.h. u ist konstant auf jeder Lösungskurve.

Beispiele zur Berechnung von ersten Integralen:

a) Sei $n = 2$. Gegeben sei das autonome System

$$\begin{aligned} y_1'(t) &= g_1(y_1, y_2) \\ y_2'(t) &= g_2(y_1, y_2) \end{aligned}$$

Annahme $y_1(t)$ sei umkehrbar. Die Umkehrung sei $t = t(y_1)$. Dann gilt für $y_2(t(y_1))$ nach Kettenregel und der Formel für die Ableitung der Umkehrfunktion

$$\frac{d}{dy_1}y_2 = \frac{d}{dt}y_2\frac{d}{dy_1}t = \frac{y_2'(t)}{y_1'(t)} = \frac{g_2(y_1, y_2)}{g_1(y_1, y_2)}.$$

Beachte, da $y_1(t)$ umkehrbar ist, ist $g_1(y_1, y_2) = y_1'(t) \neq 0$.

Die Differentialgleichung

$$y_2' = \frac{g_2(y_1, y_2)}{g_1(y_1, y_2)}.$$

nennt man die *Phasen - DGL* des autonomen Systems.

Läßt sich die Phasen - DGL durch Separation lösen, dann erhält man über

$$g_1(y_2)\; dy_2 = g_2(y_1)\; dy_1$$

durch Integration beider Seiten

$$u(y_1, y_2) = \int g_1(y_2)\; dy_2 - \int g_2(y_1)\; dy_1 = \text{ const. }.$$

Offensichtlich ist $u(y_1, y_2)$ ein erstes Integral des Ausgangssystems.

Zur Veranschaulichung solcher Systeme und der Phasen - DGL im $\mathbb{R}^2$ in gewohnter Weise schreibt man oft x statt y_1 bzw. y statt y_2. Konkret:

$$\begin{aligned} x'(t) &= y \\ y'(t) &= x \end{aligned}$$

Dann ist $y' = \frac{x}{y}$ die zugehörige Phasen - DGL. Aus $ydy = xdx$ erhält man $u(x, y) = y^2 - x^2$ als erstes Integral.

Erste Integrale sollte man nicht mit den Lösungen des Systems verwechseln. Obiges System besitzt z.B. $x(t) = \cosh t$ und $y(t) = \sinh t$ als Lösungen .

Allgemein gilt: Ist f eine C^1 - Funktion und u ein erstes Integral, dann ist auch $f(u)$ ein erstes Integral. Erste Integrale sind also in keinster Weise eindeutig.

b) Sei nun n beliebig und

$$\begin{array}{rcl} x_1'(t) & = & g_1(x_1, \ldots, x_n) \\ \vdots & \vdots & \vdots \\ x_n'(t) & = & g_n(x_1, \ldots, x_n) \end{array}.$$

Annahme $x_n(t)$ sei umkehrbar und $t = t(x_n)$ die Umkehrung. (Man könnte natürlich auch jedes andere $x_i(t)$ als umkehrbar annehmen und nachfolgende Überlegungen entsprechend durchführen)

Das System

$$\frac{d}{dx_n} x_i = \frac{x_i'(t)}{x_n'(t)} = \frac{g_i(x_1, \ldots, x_n)}{g_n(x_1, \ldots, x_n)} \quad 1 \le i \le (n-1)$$

nennt man das zugehörige Phasen - DGL - System. Nach dem Existenz- und Eindeutigkeitssatz besitzt dies für beliebige Anfangsbedingungen $x_1(x_0), \ldots, x_{n-1}(x_0)$ Lösungen. Die allgemeine Lösung des Phasen - DGL - Systems hängt somit von $n-1$ beliebigen Integrationskonstanten $c_1, \ldots, c_{n-1}$ ab, die wegen der Eindeutigkeit der Lösung einer Gleichung der Form

$$c_i = u_i(x_1(x_n), \ldots, x_n)$$

genügen. Setzt man $x_n = x_n(t)$, dann sieht man, dass die Funktionen $u_i(x_1(t), \ldots, x_n(t))$ erste Integrale des Ausgangssystems sind. Ist f eine beliebige Funktion der Klasse C^1, so ist $f(u_1, \ldots, u_{n-1})$ ebenfalls ein erstes Integral.

Wir konkretisieren dies an folgendem autonomen System:

$$\begin{array}{rcl} x_1'(t) & = & 1 \\ x_2'(t) & = & x_2 + 2x_3 \\ x_3'(t) & = & x_3 \end{array}$$

Man beachte, dass nach der dritten Gleichung $x_3(t) = ke^t$. Daher ist $x_3(t)$ invertierbar.

Als Phasen - DGL - System ergibt sich:

$$\begin{array}{rcl} \frac{d}{dx_3}\, x_1 & = & \frac{1}{x_3} \\ \\ \frac{d}{dx_3}\, x_2 & = & \frac{x_2}{x_3} + 2 \end{array}$$

$x_1 = \ln x_3 + c_1$ löst die erste Gleichung.

Die zweite Phasen - DGL besitzt die homogene Lösung $x_{2h} = c \cdot x_3$. Variation der Konstanten ergibt den Ansatz $x_{2p} = c(x_3)x_3$ für eine partikuläre Lösung. Einsetzen in die DGL ergibt

$$\frac{d}{dx_3}x_{2p} = c'(x_3)x_3 + c(x_3) = \frac{x_{2p}}{x_3} + 2 = c(x_3) + 2.$$

Es folgt $c'(x_3) = \frac{2}{x_3}$ und daher $c(x_3) = 2 \ln x_3$. Die allgemeine Lösung der zweiten Gleichung ist dann

$$x_2 = 2x_3 \ln x_3 + x_3 c_2.$$

Somit folgt

$$c_1 = x_1 - \ln x_3 \text{ und } c_2 = \frac{x_2 - 2x_3 \ln x_3}{x_3}$$

und

$$u_1 = x_1(t) - \ln x_3(t) \text{ bzw. } u_2 = \frac{x_2(t) - 2x_3(t) \ln x_3(t)}{x_3(t)}$$

sind erste Integrale des gegebenen autonomen Systems.

6.3 Lineare PDG 1.Ordnung

Unter einer *linearen* partiellen Differentialgleichung k - ter Ordnung für $y = y(x_1, \ldots, x_n)$ – y sei als k - mal stetig differenzierbar vorausgesetzt – versteht man eine Gleichung der Form

$$\left(\sum_{i=1}^{k} \sum_{j_1+\ldots+j_m=i} a_{j_1,\ldots,j_m}(x_1, \ldots, x_n) \frac{\partial^i}{\partial x_1^{j_1} \ldots \partial x_n^{j_m}} y \right) + a(x_1, \ldots, x_n)y + b(x_1, \ldots, x_n) = 0.$$

Die Koeffizienten $a_{j_1,\ldots,j_m}$ der PDG sind hierbei Funktionen, die nur von den Variablen $x_1, \ldots, x_n$ abhängen.

Eine *lineare* PDG 1.Ordnung für eine Funktion $y = y(x_1, \ldots, x_n)$ hat also die Gestalt

$$a_1(x_1, \ldots, x_n)y_{x_1} + \ldots + a_n(x_1, \ldots, x_n)y_{x_n} + a(x_1, \ldots, x_n)y + b(x_1, \ldots, x_n) = 0.$$

Wie bei gewöhnlichen Differentialgleichungen nennt man die partielle Differentialgleichung *homogen*, wenn $b = 0$ ist.

Sind y_1 und y_2 Lösungen der homogenen Gleichung einer linearen PDG, dann auch beliebige reelle Linearkombinationen, also $\alpha y_1 + \beta y_2$ für α, β beliebig aus $\mathbb{R}$. Die Lösungen der homogenen Gleichung bilden also einen reellen Vektorraum. Jede Lösung der inhomogenen Gleichung ist Summe

$$y = y_h + y_p$$

einer Lösung y_h der zugehörigen homogenen Gleichung und einer fest gewählten partikulären Lösung y_p des inhomogenen Systems.

Es soll zuerst ein ganz einfacher Typ einer PDGL betrachtet werden. Gegeben sei für $f(x, y)$ die PDGL 1.Ordnung

$$af_x + bf_y = r(x, y)$$

mit Konstanten $a, b \in \mathbb{R}, a \cdot b \neq 0$.

Mit der Variablentransformation $v = bx+ay, w = bx-ay$ geht die Gleichung für $g(v, w) = f(x, y)$ in

$$a(g_v b + g_w b) + b(g_v a + g_w(-a)) = r(\frac{v+w}{2b}, \frac{v-w}{2a})$$

über. Es folgt

$$g_v = \frac{1}{2ab} r(\frac{v+w}{2b}, \frac{v-w}{2a})$$

bzw.

$$g = \int \frac{1}{2ab} r(\frac{v+w}{2b}, \frac{v-w}{2a}) dv + h(w).$$

Resubstitution liefert dann $f(x, y)$.

Beispiel:

$$f_x + f_y = xy.$$

Dann errechnet sich

$$g(v, w) = \frac{1}{2} \int \frac{1}{4}(v^2 - w^2) dv + h(w) = \frac{1}{8}(\frac{1}{3}v^3 - vw^2) + h(w).$$

Resubstitution ergibt

$$f(x,y) = \frac{1}{8}(x+y)(-\frac{2}{3}x^2 + \frac{8}{3}xy - \frac{2}{3}y^2) + h(x-y).$$

Im folgenden sei weiter $n = 2$ und es werde für $f = f(x,y)$ jetzt die lineare PDG

$$(*) \qquad af_x + bf_y + cf + d = 0$$

betrachtet. Transformiert man die Variablen durch

$$f(x,y) = g(v,w), \;\; v = v(x,y), \;\; w = w(x,y)$$

dann folgt mit der Kettenregel, dass

$$f_x = \mathrm{grad} g \cdot (v_x, w_x) = g_v v_x + g_w w_x$$

und

$$f_y = \mathrm{grad} g \cdot (v_y, w_y) = g_v v_y + g_w w_y$$

ist. Setzt man dies in die PDG für u ein, so ergibt sich für g die lineare PDG

$$(av_x + bv_y)g_v + (aw_x + bw_y)g_w + cg + d = 0.$$

Unter der Annahme, dass v eine Lösung der Gleichung

$$(**) \qquad af_x + bf_y = 0$$

ist, vereinfacht sich die PDG für g zu

$$(aw_x + bw_y)g_w + cg + d = 0.$$

Wählt man nun w möglichst einfach, aber immer noch so, dass die Variablentransformation umkehrbar ist, so ergibt sich z.B. für $w = y$ wegen $w_x = 0$ und $w_y = 1$ für g eine Gleichung der Form

$$bg_w + cg + d = 0,$$

die im Prinzip nur noch eine Variable involviert und mit der Theorie gewöhnlicher Differentialgleichungen zu behandeln ist. Um dies zu erreichen, war es notwendig, eine Lösung v der Gleichung (**) zu kennen.

Wir setzen ab jetzt wieder voraus, dass $n \geq 2$ beliebig ist, und betrachten die PDG

$$(*) \quad a_1(x_1,\ldots,x_n)y_{x_1} + \ldots + a_n(x_1,\ldots,x_n)y_{x_n} + a(x_1,\ldots,x_n)y + b(x_1,\ldots,x_n) = 0.$$

Die PDG

$$(**) \quad a_1(x_1,\ldots,x_n)y_{x_1} + \ldots + a_n(x_1,\ldots,x_n)y_{x_n} = 0.$$

nennt man die zu (*) gehörige *reduzierte* PDG. Fasst man $x_1,\ldots,x_n$ als Funktionen von t auf, also $x_i = x_i(t)$, und wendet die Kettenregel auf $y(x_1(t),\ldots,x_n(t))$ an, dann gilt:

$$\frac{d}{dt}y(x_1(t),\ldots,x_n(t)) = \mathrm{grady}\cdot(\mathrm{x}_1'(\mathrm{t}),\ldots,\mathrm{x}_\mathrm{n}'(\mathrm{t})) = \sum_{\mathrm{i}=1}^{\mathrm{n}} \mathrm{y}_{\mathrm{x}_\mathrm{i}}\mathrm{x}_\mathrm{i}'\,.$$

Es wäre offensichtlich wünschenswert, wenn die x_i' mit den Koeffizienten der Ausgangsgleichung (*) übereinstimmen würden. Dies führt unmittelbar auf das autonome (hierzu geht ein, dass die PDG linear war) DGL - System

$$(***) \quad \begin{array}{rcl} x_1'(t) & = & a_1(x_1,\ldots,x_n) \\ \vdots & & \vdots \\ x_n'(t) & = & a_n(x_1,\ldots,x_n) \end{array} .$$

Dieses System nennt man das *charakteristische System* der PDG und dessen Lösungen heißen *Charakteristiken* oder auch *charakteristische Kurven* der PDG.

Für sie gilt folgendes Lemma, das letztlich die Bedeutung der autonomen Systemen des vorhergehenden Abschnitts für partielle Differentialgleichungen darlegt und auch obige Überlegungen im Fall $n = 2$ für die Ausgangsgleichung abschließt.

Lemma 6.3.1: Gegeben sei die lineare PDG 1.Ordnung

$$(*) \quad a_1(x_1,\ldots,x_n)y_{x_1} + \ldots + a_n(x_1,\ldots,x_n)y_{x_n} + a(x_1,\ldots,x_n)y + b(x_1,\ldots,x_n) = 0.$$

Dann gilt:

y ist Lösung der zugehörigen reduzierten Gleichung

$$(**) \quad a_1(x_1,\ldots,x_n)y_{x_1} + \ldots + a_n(x_1,\ldots,x_n)y_{x_n} = 0.$$

genau dann, wenn y ein erstes Integral des charakteristischen Systems der PDG ist.

Beweis: Sind $x_1(t), \ldots, x_n(t)$ Lösungen des charakteristischen Systems, dann gilt mit der Kettenregel

$$\frac{d}{dt} y(x_1(t), \ldots, x_n(t)) = \sum_{i=1}^{n} y_{x_i} x_i' = y_{x_1} a_1 + \ldots + y_{x_n} a_n.$$

Ist y Lösung der reduzierten Gleichung, dann ist $y_{x_1} a_1 + \ldots + y_{x_n} a_n = 0$. Daher folgt, dass $y(x_1(t), \ldots, x_n(t))$ eine Konstante ist und somit ein erstes Integral des charakteristischen Systems.

Ist umgekehrt y ein erstes Integral, dann gilt für jede Charakteristik

$$\frac{d}{dt} y(x_1(t), \ldots, x_n(t)) = 0 = \sum_{i=1}^{n} y_{x_i} a_i.$$

Zu jedem x aus dem Definitionsbereich von y gibt es nach Satz 6.2.1 eine Lösung des autonomen Systems die zur Zeit t_0 durch $x = (x_1, \ldots x_n)$ geht. Daher ist

$$\sum y_{x_i}(x_1, \ldots, x_n) a_i(x_1, \ldots, x_n) = 0.$$

und y ist eine Lösung des reduzierten Systems. □

Beispiele:

a) Gegeben sei

$$f_x + (y + 2z) f_y + z f_z = 0.$$

Diese PDG stimmt mit ihrer reduzierten überein. Das charakteristische System lautet:

$$\begin{aligned} x'(t) &= 1 \\ y'(t) &= y(t) + 2z(t) \\ z'(t) &= z(t) \end{aligned}$$

Zur Berechnung eines ersten Integrals dieses Systems ist ein zugehöriges System von Phasen - DGL zu betrachten. Mit $x_1 = x, x_2 = y, x_3 = z$ ist das System genau jenes, welches in Abschnitt 6.2 gerechnet wurde. Das System der Phasen - DGL ist:

$$\begin{aligned} \frac{dx}{dz} &= \frac{1}{z} \\ \frac{dy}{dz} &= \frac{y}{z} + 2 \end{aligned}$$

$x = \ln z + c_1$ ist die allgemeine Lösung der ersten Gleichung, jene der zweiten Gleichung ist $y = 2z \ln z + zc_2$.

Auflösen nach den Konstanten c_i ergibt die ersten Integrale :

$$f_1(x, y, z) = x - \ln z \quad \text{und} \quad f_2(x, y, z) = \frac{y - 2z \ln z}{z}.$$

f_1 und f_2 sind somit Lösungen der PDG, wie auch alle anderen ersten Integrale des charakteristischen Systems.

b) Gegeben sei die PDG

$$(x - y)u_x + (x + y)u_y + u_z = 0.$$

Das charakteristische System ist:

$$\begin{aligned} x'(t) &= x(t) - y(t) \\ y'(t) &= x(t) + y(t) \\ z'(t) &= 1 \end{aligned}$$

Als System der Phasen - DGL ergibt sich:

$$\begin{aligned} x'(z) &= \frac{dx}{dz} = x(z) - y(z) \\ y'(z) &= \frac{dy}{dz} = x(z) + y(z) \end{aligned}$$

Dies ist ein DGL - System mit konstanten Koeffizienten, welches sich auf mehrere Arten lösen läßt. Eliminationsmethode:

$$y'' = x' + y' = x - y + y' \longrightarrow x = y'' - y' + y.$$

Andererseits ist

$$x = y' - y.$$

Hieraus ergibt sich die gewöhnliche DGL mit konstanten Koeffizienten

$$y'' - 2y' + 2y = 0,$$

deren allgemeine Lösung die Form

$$y = e^z(c_1 \cos z + c_2 \sin z)$$

besitzt. Aus $x = y' - y$ folgt

$$x = e^z(c_1(-\sin z) + c_2 \cos z).$$

Löst man dies nach c_1 und c_2 auf, so folgt

$$c_1 = e^{-z}(y \cos z - x \sin z),\ c_2 = e^{-z}(y \sin z + x \cos z)\ .$$

Somit sind

$$u_1 = e^{-z}(y \cos z - x \sin z),\ u_2 = e^{-z}(y \sin z + x \cos z)\ .$$

erste Integrale des Phasen DGL - Systems und Lösungen der PDG.

c) Wenn die Koeffizienten einer PDG konstant sind, dann ist das charakteristische System der reduzierten Gleichung besonders einfach. Wir betrachten dies exemplarisch an der Gleichung

$$2f_x + 3f_y - f_z = e^{x+y}.$$

Die reduzierte Gleichung ist $2f_x + 3f_y - f_z = 0$. Das charakteristische System hat die Gestalt

$$x'(t) = 2, y'(t) = 3, z'(t) = -1.$$

Das System der Phasen - DGL (unter Verwendung, dass $x(t)$ umkehrbar ist) ist

$$\begin{aligned} \frac{dy}{dx} &= \frac{3}{2} \\ \frac{dz}{dx} &= -\frac{1}{2} \end{aligned}$$

Erste Integrale sind dann $y - \frac{3}{2}x, z + \frac{1}{2}x$.

Jede Funktion der Form $g\left(y - \frac{3}{2}x, z + \frac{1}{2}x\right)$ ist eine Lösung der reduzierten Gleichung, die mit der homogenen Gleichung der Ausgangsgleichung übereinstimmt.

Eine partikuläre Lösung der Ausgangsgleichung kann man auch durch einen speziellen Ansatz (gemäß der rechten Seite) gewinnen. Setzt man $f = ae^{x+y}$, dann folgt

$$2ae^{x+y} + 3ae^{x+y} = e^{x+y}$$

und $f(x, y) = \frac{1}{5}e^{x+y}$ ist eine partikuläre Lösung der PDG.

6.4 Lineare PDG 2. Ordnung

Eine lineare partielle Differentialgleichung zweiter Ordnung für eine zweimal stetig differenzierbare Funktion $u : D \longrightarrow \mathbb{R}$ mit $D \subseteq \mathbb{R}^2$ hat die Gestalt

$$a(x,y)u_{xx} + 2b(x,y)u_{xy} + c(x,y)u_{yy} + d(x,y)u_x + e(x,y)u_y + f(x,y)u = r(x,y).$$

Man beachte, dass $u_{xy} = u_{yx}$, da u von Klasse C^2 ist. Die Diskriminante einer solchen PDG ist definiert als

$$\Delta = a(x,y)c(x,y) - (b(x,y))^2.$$

Die partielle Differentialgleichung heißt

hyperbolisch	falls	$\Delta < 0$
parabolisch	falls	$\Delta = 0$
elliptisch	falls	$\Delta > 0$

Beispiele und Bemerkungen:

a) Die *Wellengleichung* aus Abschnitt 6.1 – $u_{xx} = c^2 u_{yy}$ – besitzt die Diskriminante

$$\Delta = -c^2 < 0,$$

ist also hyperbolisch.

b) Die Gleichung $u_{xx} + u_{yy} = 0$ ist elliptisch ($\Delta = 1$). Man nennt sie die *Potentialgleichung*. Ein ebenes elektrostatisches Potential erfüllt diese Gleichung.

c) Die Funktion $u(x,t)$ beschreibe im Punkt $(x,0)$ der x - Achse die Temperatur zur Zeit t. Sie erfüllt die PDG

$$a^2 u_{xx} - u_t = 0.$$

Man nennt sie *Diffusionsgleichung*. Diese Gleichung ist Beispiel einer parabolischen PDG ($\Delta = 0$). In der Form

$$a^2 u_{xx} - u_t - r(x,t) = 0$$

nennt man sie *Wärmeleitungsgleichung*. Die x - Achse wird hierbei als Stab interpretiert und $u(x,t)$ gibt die Temperaturverteilung im Stab an. Die Störfunktion $r(x,t)$ beschreibt den Temperatureinfluss von außen.

d) Bei konstanten Koeffizienten ist die Diskriminante unabhängig von x und y. Im Allgemeinen wird dies nicht der Fall sein. Man präzisiert dann die Definition dadurch, dass man sagt, dass die gegebene PDG in $D \subseteq \mathbb{R}^2$ ($D = D^o$ wird in der Regel verlangt) hyperbolisch bzw. parabolisch bzw. elliptisch ist, wenn in allen Punkten (x,y) von D die Diskriminante $\Delta(x,y) < 0$ bzw. $= 0$ bzw. > 0 ist.

e) Eine PDG 2. Ordnung, die in D weder hyperbolisch noch parabolisch noch elliptisch ist, nennt man von *gemischtem Typ*.

f) Die Typenbezeichnungen der PDG 2. Ordnung stammen aus der Geometrie. Ein Kegelschnitt mit der Gleichung

$$ax^2 + 2bxy + cy^2 + dx + ey + f = 0$$

hat bezüglich der Koeffizienten die entsprechenden Eigenschaften, wenn er eine Hyperbel, Parabel oder Ellipse ist (die Umkehrung ist allerdings nicht richtig).

Lineare PDG 2. Ordnung kann man lösen, indem man sie via einer Koordinatentransformation in eine Normalform überführt.

Setzt man $h(x, y) = d(x, y)u_x + c(x, y)u_y + f(x, y)u$, dann besitzen die Normalformen die Gestalt

$$a(x, y)u_{xx} + h(x, y) = 0 \quad \text{oder} \quad c(x, y)u_{yy} + h(x, y) = 0 \qquad \text{für parabolischen Typ}$$

$$a(x, y)u_{xx} - c(x, y)u_{yy} + h(x, y) = 0 \qquad \text{für hyperbolischen Typ}$$

$$a(x, y)u_{xx} + a(x, y)u_{yy} + h(x, y) = 0 \qquad \text{für elliptischen Typ}$$

Ein anderer Weg ist ein Separationsansatz (diese Methode geht auf Fourier zurück), der in Abschnitt 6.1 an der Wellengleichung exemplarisch durchgeführt wurde.

Wir geben ein weiteres Beispiel zur Separationsmethode.

Beispiel: Gegeben sei die elliptische PDG ($\Delta > 0$)

$$u_{xx} + u_{yy} - 2u_y + au = 0, \qquad a \in \mathbb{R}.$$

Der Ansatz

$$u(x, y) = v(x) \cdot w(y)$$

ergibt

$$v''w + vw'' - 2vw' + avw = 0.$$

Die triviale Lösung $u = 0$ klammern wir aus und können daher $v \neq 0$ bzw. $w \neq 0$ annehmen. Division mit v bzw. w ergibt

$$\frac{v''}{v} = -\frac{w''}{w} + 2\frac{w'}{w} - a = k = \text{ const.}$$

Wir nehmen an, dass die Randbedingungen $u(0, t) = u(\pi, t) = u(\frac{\pi}{2}, t) = 0$ vorgegeben seien.

Falls $k = 0$, dann ist $v(x) = c_1 x + c_2$. Man sieht unmittelbar, dass in diesem Fall die Randbedingungen nur trivial erfüllbar sind.

Falls $k > 0$, dann ist $v(x) = c_1 e^{\sqrt{k}x} + c_2 e^{-\sqrt{k}x}$. Auch in diesem Fall sind die Randbedingungen nur trivial erfüllbar.

Falls $k < 0$, dann ist $v(x) = c_1 \cos\sqrt{-k}x + c_2 \sin\sqrt{-k}x$. $v(0) = 0 \Longrightarrow c_1 = 0, v(\frac{\pi}{2}) = 0 \Longrightarrow \sin(\sqrt{k}\frac{\pi}{2}) = 0$. Daher ist $k = -4n^2$ mit $n \in \mathbb{N}$. Die Bedingung $v(\pi) = 0$ ist dann automatisch erfüllt.

Somit kann nur $v(x) = c_2 \sin 2nx,\ n \in \mathbb{N}$, zu nichttrivialen Lösungen der PDG führen.

Für $w = w(y)$ ist noch die Differentialgleichung

$$w'' - 2w' + (a - 4n^2)w = 0$$

im Fall $k = -4n^2$ zu lösen, also eine gewöhnliche DGL mit konstanten Koeffizienten. Der Ansatz $w = e^{\lambda y}$ liefert

$$\lambda^2 - 2\lambda + (a - 4n^2).$$

Ist etwa $a = 1$, dann folgt $\lambda = 1 \pm 2n$. Also ist mit Konstanten $d_1, d_2 \in \mathbb{R}$

$$w(y) = d_1 e^{(1+2n)y} + d_2 e^{(1-2n)y}\ , \quad n \in \mathbb{N}$$

und

$$u(x,y) = (c_2 \sin 2nx)(d_1 e^{(1+2n)y} + d_2 e^{(1-2n)y})\ , \quad n \in \mathbb{N}.$$

Durch Stellen von Anfangsbedingungen können sich weitere Einschränkungen an c_2, d_1, d_2 ergeben.

6.5 Wärmeleitungsgleichung

Es sollen exemplarisch an der Wärmeleitungsgleichung

$$u_t = u_{xx} + r(x,t)$$

für einen Stab der Länge a verschiedene Typen von RAWP diskutiert werden.

(1) Allgemeines RAWP:

$$u_t = u_{xx} + r(x,t)$$

$$\begin{array}{rl} \text{Randbedingungen} & u(0,t)=g(t), u(a,t)=h(t) \\ \text{Anfangswerte} & u(x,0)=f(x) \end{array}$$

(2) Homogenes RAWP:

$$u_t = u_{xx}$$

$$\begin{array}{rl} \text{Randbedingungen} & u(0,t)=0, u(a,t)=0 \\ \text{Anfangswerte} & u(x,0)=f(x) \end{array}$$

(3) Inhomogenes RAWP mit homogenen Randbedingungen:

$$u_t = u_{xx} + r(x,t)$$

$$\begin{array}{rl} \text{Randbedingungen} & u(0,t)=0, u(a,t)=0 \\ \text{Anfangswerte} & u(x,0)=0 \end{array}$$

Die Lösung von (1) läßt sich durch den Ansatz

$u(x,t) = v(x,t) + w(x,t) \quad w(x,t) = g(t) + \frac{x}{a}((h(t) - g(t))$.

auf die Lösung von (2) und (3) zurückführen;

denn $v(x,t)$ genügt dann $v_t = v_{xx} + \tilde{r}(x,t)$ und den Randbedingungen $v(0,t) = v(a,t) = 0$ sowie einer Anfangsbedingung der Form $v(x,0) = \tilde{f}(x)$.

Bestimmt man nun eine Lösung f zur homogenen Gleichung von v – dies ist eine Gleichung vom Typ (2) – und eine Lösung g zur zugehörigen inhomogenen Gleichung mit homogenen Randbedingungen – dies ist eine Gleichung vom Typ (3) –, dann gilt

$$(f+g)_t = f_t + g_t = f_{xx} + g_{xx} + \tilde{r}(x,t) = (f+g)_{xx} + \tilde{r}(x,t)$$

und

$$(f+g)(x,0) = f(x,0) + g(x,0) = \tilde{f}(x) + 0 = \tilde{f}(x)$$

sowie

$$(f+g)(0,t) = f(0,t) + g(0,t) = 0 = f(a,t) + g(a,t) = (f+g)(a,t).$$

Es genügt somit Lösungen von (2) und (3) zu bestimmen. Für Gleichungen vom Typ (2) führt ein Separationsansatz

$$u(x,t) = v(x,t)w(x,t)$$

wie bei der Wellengleichung in Abschnitt 6.1 zum Erfolg.

Sei nun eine PDG vom Typ (3) gegeben. Zur Vereinfachung werde angenommen, dass der Stab die Länge π besitze. Setze

$$u(x,t) = \sum_{n=1}^{\infty} y_n(t) \sin nx.$$

Entwickelt man die Störfunktion $r(x,t)$ durch ungerade Fortsetzung auf $(-\pi, 0)$ in eine reine Sinusreihe bezüglich x der Form

$$r(x,t) = \sum_{n=1}^{\infty} b_n(t) \sin nx,$$

dann gilt für die Fourierkoeffizienten nach Abschnitt 5.3.

$$b_n(t) = \frac{2}{\pi} \int_0^{\pi} r(x,t) \sin nx \, dx.$$

Wenn die Summation im Ansatz für $u(x,t)$ mit der Differentiation nach t bzw. nach x vertauscht, führt Einsetzen in die PDGL mit anschließendem Koeffizientenvergleich auf

$$y_n'(t) + n^2 y_n(t) = b_n(t), \quad y_n(0) = 0.$$

Diese gewöhnliche Differentialgleichung läßt sich geschlossen lösen (vgl. Abschnitt 3.2). Es gilt:

$$y_n(t) = e^{-n^2 t} \int_0^t e^{n^2 x} b_n(x) \, dx.$$

6.6 Lösung mit Fourierintegralen und Fouriertransformation

Ausgangspunkt ist die Wärmeleitungsgleichung

$$u_t = u_{xx}$$

mit der Anfangsbedingung $u(x,0) = r(x)$. Im Gegensatz zum vorigen Abschnitt soll $r(x)$ die Wärmeverteilung auf einem Stab unendlicher Breite darstellen. $r(x)$ wird nicht als periodisch vorausgesetzt.

Mit Hilfe des üblichen Separationsansatzes $u(x,t) = v(x) \cdot w(t)$ erhalten wir zunächst die gewöhnlichen Differentialgleichungen

$$\frac{v''(x)}{v(x)} = \frac{w'(t)}{w(t)} = k = \text{ const..}$$

Wäre die Konstante k positiv, dann würde dies zu einem exponentiellen Anstieg der Temperatur an einem Stabende führen. Dies ist physikalisch nicht sinnvoll. Daher werden wir im weiteren annehmen, dass k negativ ist. Sei $k = -c^2$.

Dann erhält man als Lösungen der gewöhnlichen Differentialgleichungen:

$$v(x) = a \cos cx + b \sin cx \quad \text{bzw.} \quad w(t) = e^{-kt}.$$

Da $r(x)$ nicht periodisch ist, ist es natürlich eine Lösung des Anfangswertproblems mit kontinuierlicher Fourierentwicklung, d.h. mit Hilfe eines Fourierintegrals zu suchen, vgl. Abschnitt 5.8.

Dies führt zum Ansatz

$$u(x,t) = \int_0^\infty (a(c) \cos cx + b(c) \sin cx) e^{-kt} \, dc$$

und der Bedingung

$$u(x,0) = \int_0^\infty (a(c) \cos cx + b(c) \sin cx) \, dc = r(x).$$

Hieraus folgt, vorausgesetzt dass f sich als Fourierintegral darstellen läßt,

$$a(c) = \frac{1}{\pi} \int_{-\infty}^\infty r(s) \cos cs \, ds \quad \text{bzw.} \quad b(c) = \frac{1}{\pi} \int_{-\infty}^\infty r(x) \sin cs \, ds.$$

$r(x)$ und $u(x,t)$ lassen sich, vgl. Abschnitt 5.8, umschreiben in

$$r(x) = u(x,0) = \frac{1}{\pi} \int_0^\infty \int_{-\infty}^\infty r(s) \cos(cx - cs)\, ds\, dc$$

bzw.

$$u(x,t) = \frac{1}{\pi} \int_0^\infty \int_{-\infty}^\infty r(s) \cos(cx - cs) e^{-c^2 t}\, ds\, dc.$$

Nimmt man an, dass r so beschaffen ist, dass man die Integrationsreihenfolge vertauschen darf, ergibt sich

$$(**) \qquad u(x,t) = \frac{1}{\pi} \int_{-\infty}^\infty r(s) \int_0^\infty \cos(cx - cs) e^{-c^2 t}\, dc\, ds.$$

Es gilt nun [1]

$$(*) \qquad \int_0^\infty e^{-v^2} \cos 2av\, dv = \frac{\sqrt{\pi}}{2} e^{-a^2}.$$

Die Substitutionen $a = \frac{x-s}{2\sqrt{t}}$ und $v = \sqrt{t}c$ zeigen letztlich

$$\int_0^\infty \cos(cx - cs) e^{-c^2 t}\, dc = \frac{\sqrt{\pi}}{2\sqrt{t}} \cdot e^{-\frac{(x-s)^2}{4t}}$$

bzw.

$$u(x,t) = \frac{1}{2\sqrt{\pi t}} \int_{-\infty}^\infty r(s) e^{-\frac{(x-s)^2}{4t}}\, ds.$$

Wir versuchen nun das gegebene AWP mit Hilfe der Fouriertransformation zu lösen. Grundsätzlich hat die Anwendung von Integraltransformationen auf partielle DGL den Effekt, dass eine der Variablen bei der Transformation wegfällt und so eine einfachere DGL entsteht.

Gegeben sei also wiederum

$$u_t = u_{xx}$$

mit $u(x,0) = r(x)$

[1] Diese Formel ergibt sich beispielsweise mit komplexer Analysis und mit $\int_0^\infty e^{-x^2}\, dx = \frac{\sqrt{\pi}}{2}$ – für das letztere Integral siehe Beispiel b) nach Satz 5.8.2

Wir wenden die Fouriertransformation bezüglich $u(x,t)$ betrachtet als Funktion von x an, also

$$U(t,\omega) := F(u)(t,\omega) = \frac{1}{\sqrt{2\pi}} \int_{-\infty}^{\infty} e^{-i\omega x} u(x,t)\, dx.$$

Mit Satz 5.8.2 ergibt sich

$$F(u_{xx}) = -\omega^2 U(t,\omega).$$

Es ist

$$F(u_t) = \frac{1}{\sqrt{2\pi}} \int_{-\infty}^{\infty} e^{-i\omega x} u_t\, dx = \frac{1}{\sqrt{2\pi}} \frac{\partial}{\partial t} \int_{-\infty}^{\infty} u e^{-i\omega x} = F(u)_t = U_t,$$

wenn man annimmt, dass man die Reihenfolge von Integration und Differentiation vertauschen darf. Man erhält also für U eine gewöhnliche Differentialgleichung (t als Variable und ω als Parameter betrachtet)

$$U_t = -\omega^2 U$$

mit der Lösung

$$U(t,\omega) = c(\omega) e^{-\omega^2 t}.$$

Die Anfangsbedingung $u(x,0) = r(x)$ liefert $U(0,\omega) = F(r)(\omega) = c(\omega)$. Somit

$$U(t,\omega) = F(r)(\omega) e^{-\omega^2 t}$$

und die Inverse der Fouriertransformation ergibt

$$u(x,t) = \frac{1}{\sqrt{2\pi}} \int_{-\infty}^{\infty} F(r)(\omega) e^{-\omega^2 t} e^{i\omega x}\, d\omega.$$

Setzt man $F(r)$ ein und nimmt man an, dass man die Integrationsreihenfolge vertauschen darf, folgt

$$u(x,t) = \frac{1}{2\pi} \int_{-\infty}^{\infty} r(s) \int_{-\infty}^{\infty} e^{-\omega^2 t} e^{i\omega x - i\omega s}\, d\omega\, ds.$$

Für den Integrand des inneren Integrals ergibt die Eulerformel

$$e^{-\omega^2 t} e^{i\omega x - i\omega s} = e^{-\omega^2 t}(\cos(\omega x - \omega s) + i \sin(\omega x - \omega s)).$$

Der Imaginärteil ist eine ungerade Funktion, der Cauchy - Hauptwert verschwindet also bei der Integration. Der Realteil stellt eine gerade Funktion dar, somit erhält man schließlich

$$u(x,t) = \frac{1}{\pi} \int_{-\infty}^{\infty} r(s) \int_{0}^{\infty} e^{-\omega^2 t} \cos(\omega x - \omega s)) \, d\omega \, ds \quad .$$

Dies ist genau diesselbe Formel wie die Formel (**) oben in der Lösung des AWP mit Hilfe des Fourierintegrals.

Weitere Lösungsmethoden von partiellen DGL verwenden Greensche Funktionen oder andere Integraltransformationen wie die Laplacetransformation. Man siehe hierzu etwa [Meyberg - Vachenauer 2].

Kapitel 7

Komplexe Analysis, Funktionentheorie

7.1 Elementare komplexwertige Funktionen

Sei $D \subseteq \mathbb{C}$ und $f : D \longrightarrow \mathbb{C}$ eine komplexwertige Funktion. Man schreibt oft $w = f(z)$ - analog dazu wie man bei Funktionen einer reellen Veränderlichen $y = f(x)$ schreibt und spricht dann von einer Abbildung von der z - Ebene in die w - Ebene.

Komplexe Zahlen veranschaulicht man am besten in der komplexen Zahlenebene. Hierbei betrachtet man $\mathbb{C}$ als reellen Vektorraum $\mathbb{R}^2$ mit Basis $\{1, i\}$. Oft verwendet man auch die sogenannte Polardarstellung $z = r \cdot e^{i\varphi}$. Hier beschreibt $r = |z|$ den Abstand vom Ursprung und φ stellt den Winkel (im positiven Sinn) zwischen der Ursprungsgerade durch z und der Realteilachse dar. φ nennt man auch Argument von z, Schreibweise: $\arg z$.

Zerlegt man $f(z)$ in Real- und Imaginärteil

$$f(z) = f(x + iy) = u(x, y) + i \cdot v(x, y),$$

so kann man f als Vektorfeld von D, aufgefasst als Teilmenge von $\mathbb{R}^2$, nach $\mathbb{R}^2$ interpretieren:

$$f : \begin{pmatrix} x \\ y \end{pmatrix} \mapsto \begin{pmatrix} u(x, y) \\ v(x, y) \end{pmatrix} .$$

Hierbei sind $u(x, y)$ und $v(x, y)$ reellwertige Funktionen. In der Betrachtung komplexwertiger Funktionen spielt diese Zerlegung in Real- und Imaginärteil eine wesentliche Rolle.

Beispiele:

a) Sei $a \in \mathbb{C}$ fest vorgegeben. Die Funktion definiert durch $f(z) = a \cdot z$ stellt in der komplexen Zahlenebene eine Drehstreckung dar. Dies folgt leicht aus der Rechenregel, dass man zwei komplexe Zahlen miteinander multipliziert, indem man ihre Beträge multipliziert und ihre Argumente (Winkel) addiert. Ist $a = |a| \cdot e^{i\alpha} = |a|(\cos\alpha + \sin\alpha)$ und $z = |z| \cdot e^{i\varphi} = |z|(\cos\varphi + \sin\varphi)$, dann ist

$$a \cdot z = |a||z|e^{i(\alpha+\varphi)} = |a||z|(\cos(\alpha+\varphi) + i\sin(\alpha+\varphi)).$$

Dies entspricht einer Drehung um den Winkel α gefolgt von einer Streckung mit $|a|$.

b) Die komplexe Exponentialfunktion $z \mapsto e^z$ mit

$$e^z = e^{x+iy} = e^x \cdot e^{iy} = e^x(\cos y + i\sin y),$$

wenn $z = x + iy$ die Zerlegung in Imaginärteil und Realteil von z ist. Somit ist:

$$\mathrm{Re}(\mathrm{e}^{\mathrm{z}}) = \mathrm{e}^{\mathrm{x}} \cdot \cos \mathrm{y}, \quad \mathrm{Im}(\mathrm{e}^{\mathrm{z}}) = \mathrm{e}^{\mathrm{x}} \sin \mathrm{y}.$$

Ferner gilt

$$|e^z| = e^x, \quad \arg e^z = y.$$

Rechenregeln: Für $z, z_1, z_2 \in \mathbb{C}$ und $y \in \mathbb{R}$ gilt:

(i)

$$e^{z_1+z_2} = e^{z_1} \cdot e^{z_2}, \quad e^{z_1-z_2} = \frac{e^{z_1}}{e^{z_2}}$$

(ii)

$$e^0 = 1, e^{\pi i} = -1, \quad e^{2\pi i} = 1, \quad e^{z+2\pi i} = e^z$$

(iii)

$$e^{iy} = \cos y + i\sin y, \quad |e^{iy}| = 1.$$

Die Exponentialfunktion ist für alle $z \in \mathbb{C}$ definiert und es ist $e^z \neq 0$ für alle z.

Unter der Exponentialfunktion werden Geraden der z - Ebene parallel zur imaginären Achse, also Geraden mit der Gleichung Re z = c, in der w - Ebene in Kreise um den Ursprung mit Radius e^c abgebildet. Geraden Im z = k parallel zur reellen Achse, gehen in Strahlen aus dem Ursprung mit $\arg w = k$ über. Der Streifen $k_1 \leq \mathrm{Imz} < \mathrm{k}_1 + 2\pi$ wird unter der Exponentialfunktion bijektiv in die gelochte w - Ebene $\mathbb{C} \setminus \{0\}$ abgebildet.

c) Mit Hilfe der Exponentialfunktionen lassen sich weitere wichtige Funktionen $f : \mathbb{C} \longrightarrow \mathbb{C}$ definieren:

- $f(z) = \cos z = \frac{1}{2}(e^{iz} + e^{-iz})$.
- $f(z) = \sin z = \frac{1}{2i}(e^{iz} - e^{-iz})$.
- $f(z) = \cosh z = \frac{1}{2}(e^z + e^{-z})$.
- $f(z) = \sinh z = \frac{1}{2}(e^z - e^{-z})$.

Die Eulersche Formel (obige Rechenregel (iii) 1.Teil) gilt dann offensichtlich mit beliebigen komplexen Zahlen z:

$$e^{iz} = \cos z + i \cdot \sin z.$$

$\cos z$ und $\sin z$ sind wie im Reellen $2\pi-$ periodisch. Es kommen durch die Ausdehnung ins Komplexe bei beiden Funktionen auch keine zusätzlichen Nullstellen hinzu. Es gilt

$$\cos z = 0 \Longrightarrow z = \pm(2k+1)\frac{\pi}{2} \quad k \in \mathbb{N}$$

und

$$\sin z = 0 \Longrightarrow z = \pm k\pi \quad k \in \mathbb{N}.$$

Die Additionstheoreme für Sinus und Kosinus lauten genau wie im Reellen

$$\cos(z_1 + z_2) = \cos z_1 \cos z_2 - \sin z_1 \sin z_2,$$

$$\sin(z_1 + z_2) = \sin z_1 \cos z_2 + \cos z_1 \sin z_2,$$

und es gilt

$$\cos^2 z + \sin^2 z = 1.$$

d) Wegen $e^{z+2\pi ik} = e^z$ ist klar, dass zur Definition einer Umkehrfunktion, die dann wie im Reellen Logarithmus genannt werden wird, eine Wahl getroffen werden muss. Setzt man

$$\mathrm{Ln(z)} := \mathrm{ln(|z|)} + \mathrm{i} \cdot \mathrm{arg(z)},$$

wobei $\ln(|z|)$ der reelle natürliche Logarithmus ist und für den Winkel $\arg(z)$ die Wahl $-\pi < \arg(z) \leq \pi$ getroffen wird, dann gilt:

$$e^{\mathrm{Ln(z)}} = e^{\ln(|z|)+i\cdot\arg(z)} = |z|e^{i\arg(z)} = z.$$

Man beachte, dass Ln(z) für $z = 0$ nicht definiert ist. Ist z_0 nicht auf der negativen Realteilachse, dann ist Ln(z) an z_0 stetig. An den Punkten der negativen Realteilachse ist Ln(z) jedoch unstetig, da sich in jeder Umgebung Punkte befinden, deren Argumente sich um fast 2π unterscheiden. Obige Winkelwahl in der Definition von Ln kann man anschaulich so deuten, dass man die komplexe Zahlenebene längs der negativen Realteilachse aufschneidet.

Man könnte zur Definition eines Logarithmus die Zahlenebene auch längs einer anderen Halbgerade, die vom Nullpunkt ausgeht, aufschneiden und könnte für $\arg(z)$ irgendein Intervall $\varphi < \arg(z) \leq \varphi + 2\pi$ bzw. $\varphi \leq \arg(z) < \varphi + 2\pi$ der Länge 2π festsetzen. Wählt man z.B. die positive Realteilachse mit $\varphi = 0$ dann ist der so definierte

Logarithmus an Punkten der negativen Realteilachse stetig – 0 bleibt allerdings stets ausgenommen – und stimmt mit Ln(z) auf den Punkten mit positivem Imaginärteil überein. Man erhält auf diese Weise letzlich mehrere mögliche Bildbereiche für einen komplexen Logarithmus, die man sich wie zusammengeklebte Blätter um eine senkrecht zur Zahlenebene verlaufende Achse durch den Nullpunkt vorstellen kann. In der Mathematik spricht man dann von einer *mehrblättrigen* Funktion und nennt den Bildbereich eine *Riemannsche Fläche*. Den oben definierten Logarithmus nennt man den Hauptzweig oder das Hauptblatt.

Man definiert den komplexen Logarithmus $\ln_c(z)$ als mehrdeutige Funktion, indem man einer komplexen Zahl nicht eine Zahl sondern eine ganze Menge von Zahlen zuordnet:

$$z \mapsto \ln_c(z) := \{\mathrm{Ln(z)} + 2\mathrm{k}\pi\mathrm{i}; \mathrm{k} \in \mathbb{Z}\}.$$

Wir werden uns im folgenden jedoch auf den Hauptzweig konzentrieren. Für diesen gilt:

$$\mathrm{Ln(e^z)} = \mathrm{ln(|e^z|)} + \mathrm{i}\arg(\mathrm{e^z}) = \mathrm{x} + \mathrm{i} \cdot \mathrm{y_0}$$

für $z = x + i \cdot y$. Hierbei ist $y - y_0$ ein ganzzahliges Vielfaches von 2π. Durch $y_0 \in (-\pi, \pi]$ ist y_0 eindeutig bestimmt.

Weitere Rechenregeln:

(i) $\mathrm{Ln(1)} = 0$.

(ii) $\mathrm{Ln(zw)} = \mathrm{Ln(z)} + \mathrm{Ln(w)} + 2\pi\mathrm{il}$ für $\mathrm{l} \in \mathbb{Z}$.

(iii) $\mathrm{Ln(z^k)} = \mathrm{kLn(z)} + 2\pi\mathrm{il}$ für $\mathrm{l} \in \mathbb{Z}$.

Die aus dem Reellen gewohnten Rechenregeln gelten also im Allgemeinen nicht, sondern nur bis auf ganzzahlige Vielfache von $2\pi i$.

Beispiel: Es ist $\mathrm{Ln(-i)} = -\mathrm{i}\frac{\pi}{2}$, $\mathrm{Ln(-1)} = \mathrm{i}\pi$ und $\mathrm{Ln((-i)^2)} = \mathrm{i}\pi \neq \mathrm{Ln(-i)} + \mathrm{Ln(-i)} = 2\mathrm{Ln(-i)} = -\mathrm{i}\pi$.

e) Sind $z, w \in \mathbb{C}$ mit $z \neq 0$, dann definiert man als Hauptwert einer allgemeinen Potenz

$$z^w := e^{w \cdot \mathrm{Ln(z)}}$$

bzw. im Allgemeinen mehrdeutig als allgemeine Potenz

$$z^w := e^{w \cdot \ln_c(z)} = \{e^{w \cdot (\mathrm{Ln(z)} + 2\mathrm{k}\pi\mathrm{i})}; k \in \mathbb{Z}\}.$$

Ist $w \in \mathbb{Z}$, dann ist z^w eindeutig. Die Mehrdeutigkeit des Logarithmus wirkt sich hier nicht aus; denn ist w ganzzahlig, dann ist $w \cdot (\mathrm{Ln(z)} + 2\mathrm{k}\pi\mathrm{i}) = \mathrm{wLn(z)} + 2\mathrm{l}\pi\mathrm{i}$ mit $l \in \mathbb{Z}$. Aber es ist $e^{2l\pi i} = 1$ für $l \in \mathbb{Z}$. Also ist $w \cdot (\mathrm{Ln(z)} + 2\mathrm{k}\pi\mathrm{i}) = \mathrm{w} \cdot \mathrm{Ln(z)}$.

Im Allgemeinen ist z^w jedoch mehrdeutig. Ist beispielsweise $w = \frac{1}{n}$ mit $n \in \mathbb{N}$ und $n \geq 2$, dann ist

$$z^w = e^{\frac{1}{n} \cdot \ln(z)}$$

und z^w als n - te Wurzel hat n verschiedene Werte (der Exponent ist bestimmt bis auf Vielfache von $\frac{2\pi}{n}$. Im Sinne obiger Bemerkungen ist z^w dann eine n - blättrige Funktion. Ist w irrational, dann ist z^w ∞ - blättrig, hat also ∞ viele verschiedene Werte.

7.2 Stetigkeit, Differenzierbarkeit

Konvergenz und Grenzwerte von Folgen bzw. von Funktionen sind wie im Reellen definiert.

Definition: Sei $(a_n)_{n\in\mathbb{N}}$ eine Folge komplexer Zahlen. (a_n) konvergiert gegen den Grenzwert $a \in \mathbb{C}$, wenn

$$\forall_{\varepsilon\in\mathbb{R}^+}\exists_{n_0\in\mathbb{N}}\forall_{n\in\mathbb{N}} : n \geq n_0 \Longrightarrow |a_n - a| < \varepsilon.$$

Schreibweise: $\lim_{n\longrightarrow\infty} a_n = a$.

Bemerkung: $\lim_{n\longrightarrow\infty} a_n = a \Longleftrightarrow \lim_{n\longrightarrow\infty} \mathrm{Re(a_n)} = \mathrm{Re\ a}$ und $\lim_{n\longrightarrow\infty} \mathrm{Im(a_n)} = \mathrm{Im\ a}$.

Definition: Seien $D \subseteq \mathbb{C}, z_0 \in D, a \in \mathbb{C}$ und $f : D \longrightarrow \mathbb{C}$.

a) a heißt Grenzwert von f in z_0, wenn für jede Folge (z_n), die gegen z_0 konvergiert, die zugehörige Folge $(f(z_n))$ von Funktionsgrenzwerten gegen a konvergiert, also

$$\lim_{n\longrightarrow\infty} z_n = z_0 \Longrightarrow \lim_{z_n\longrightarrow z_0} f(z_n) = a$$

Schreibweise: $\lim_{z\longrightarrow z_0} f(z) = a$.

b) f heißt stetig in z_0, falls
$$\lim_{z\longrightarrow z_0} f(z) = f(z_0).$$

c) f heißt stetig in D, falls f in jedem $z_0 \in D$ stetig ist.

Ob eine Funktion $f : \mathbb{C} \longrightarrow \mathbb{C}$ stetig ist, läßt sich an ihrem Realteil und ihrem Imaginärteil ablesen.

Satz 7.2.1: Seien $D \subseteq \mathbb{C}, z_0 = x_0 + iy_0, f : D \longrightarrow \mathbb{C}, f(z) = f(x+iy) = u(x,y) + iv(x,y)$. Dann gilt:

f ist genau dann in z_0 stetig, wenn $u(x,y)$ und $v(x,y)$ in (x_0, y_0) stetig sind.

Der Beweis ergibt sich unmittelbar mit Hilfe obiger Bemerkung.

Definition: Sei $f : \mathbb{C} \longrightarrow \mathbb{C}$ eine komplexwertige Funktion mit Real- und Imaginärteilzerlegung $f(z) = u(x,y) + i \cdot v(x,y)$. Dann nennt man f in z_0 differenzierbar, wenn der

Grenzwert

$$\lim_{z \longrightarrow z_0} \frac{f(z) - f(z_0)}{z - z_0}$$

existiert. Unter einem Gebiet in $\mathbb{C}$ versteht man eine offene und zusammenhängende Teilmenge von $\mathbb{C}$. Ist f in jedem Punkt eines Gebiets $G \subseteq \mathbb{C}$ differenzierbar, dann heißt f *holomorph* auf G.

Für die abgeleitete Funktion verwendet man die gewohnten Notationen:

$$\frac{d}{dz} f \quad \text{bzw. } f'.$$

Ist $f(z) = u(x, y) + i \cdot v(x, y)$ differenzierbar in $z_0 = x_0 + iy_0$, dann stimmen insbesondere ($h \in \mathbb{R}$) die Grenzwerte

$$\lim_{h \longrightarrow 0} \frac{f(z_0 + h) - f(z_0)}{h} = \lim_{h \longrightarrow 0} \frac{u(x_0 + h, y_0) + iv(x_0 + h, y_0) - u(x_0, y_0) - iv(x_0, y_0)}{h} =$$

$$\lim_{h \longrightarrow 0} \frac{u(x_0 + h, y_0) - u(x_0, y_0) + i(v(x_0 + h, y_0) - v(x_0, y_0))}{h} = u_x(x_0, y_0) + iv_x(x_0, y_0)$$

und

$$\lim_{h \longrightarrow 0} \frac{f(z_0 + ih) - f(z_0)}{ih} = \lim_{h \longrightarrow 0} \frac{u(x_0, y_0 + h) + iv(x_0, y_0 + h) - u(x_0, y_0) - iv(x_0, y_0)}{ih} =$$

$$\lim_{h \longrightarrow 0} \frac{-i(u(x_0, y_0 + h) - u(x_0, y_0)) + v(x_0, y_0 + h) - v(x_0, y_0)}{h} = -iu_y(x_0, y_0) + v_y(x_0, y_0)$$

überein. Durch Vergleich von Real- und Imaginärteil erhält man den ersten Teil des folgenden Satzes:

Satz 7.2.2:(Cauchy-Riemannsche Differentialgleichungen)

a) Sei $G \subseteq \mathbb{C}$ ein Gebiet und ist $f = u + iv : G \longrightarrow \mathbb{C}$ differenzierbar in $z_0 = x_0 + iy_0$. Dann existieren die partiellen Ableitungen von u und v nach x und y und es gelten die Cauchy-Riemannschen Differentialgleichungen:

$$u_x(x_0, y_0) = v_y(x_0, y_0) \text{ und } u_y(x_0, y_0) = -v_x(x_0, y_0).$$

Ferner gilt:

$$f'(z) = u_x(x, y) - iu_y(x, y) = v_y(x, y) + iv_x(x, y).$$

b) Umgekehrt, ist $f(z) = u(x,y) + iv(x,y)$ für reelle in einer Umgebung von z_0 stetig differenzierbare Funktionen u und v, die die Cauchy - Riemannschen Differentialgleichungen erfüllen, dann ist f in einer Umgebung von z_0 stetig differenzierbar.

Es reicht also nicht aus, dass die Funktionen $u(x,y)$ und $v(x,y)$ in x und y stetig differenzierbar sind, sonderen es müssen für sie zusätzlich die Cauchy - Riemannschen Differentialgleichungen gelten.

Für die Differentiation gelten dieselben Rechenregeln wie im Reellen:

Satz 7.2.3:

(i) (Linearität)

$$(af + bg)' = af' + bg' \quad \text{für } a, b \in \mathbb{C}.$$

(ii) (Produktregel)

$$(f \cdot g)' = f' \cdot g + f \cdot g'.$$

(iii) (Quotientenregel)

$$(\frac{f}{g})' = \frac{f'g - g'f}{g^2} \quad g \neq 0.$$

(iv) (Kettenregel)

$$(g \circ f)'(z) = g'(f(z)) \cdot f'(z) .$$ [1]

7.3 Integration

Eine stetige komplexwertige Funktion einer reellen Veränderlichen $f(x) = u(x) + iv(x)$ wird integriert, indem man Realteil und Imaginärteil integriert, d.h.

$$\int_a^b f(x)\, dx = \int_a^b u(x)\, dx + i \int v(x)\, dx.$$

Sei nun $G \subseteq \mathbb{C}$ ein Gebiet und $f : G \longrightarrow \mathbb{C}$ stetig. Dann stellt sich die Frage, wie man f von einem Punkt P bis zu einem Punkt Q der komplexen Zahlenebene integrieren kann. Zunächst ist klar, dass es verschiedene glatte Kurven gibt, die P mit Q verbinden. Ein Integral wird also zumindest zunächst von der Verbindungskurve abhängen.

Für $a, b \in \mathbb{R}$ sei $C : [a,b] \longrightarrow G$ Parametrisierung einer Kurve K mit $C(a) = P$ und $C(b) = Q$. Hierbei wird G zugleich als Teilmenge von $\mathbb{R}^2$ identifiziert mit $\mathbb{C}$ aufgefasst. Ist

$$f(z) = u(x,y) + iv(x,y)$$

[1] Hierbei bedeutet $\circ$ die Komposition g nach f.

die Real- und Imaginärteilzerlegung von f, dann sind auch u und v stetig.

Definition: Sei K eine glatte Kurve mit regulärer Parametrisierung $C : [a,b] \longrightarrow G$. Dann ist das komplexe Kurvenintegral längs K definiert als

$$\int_K f(z)\; dz := \int_K f(C(t)) \cdot C'(t)\; dt.$$

Hierbei ist $C(t)$ komplex parametrisiert und es gilt

$$\begin{aligned} f((C(t)) \cdot C'(t) &= (u(x(t), y(t)) + iv(x(t), y(t))) \cdot (x'(t) + iy'(t)) \\ = u(x(t), y(t) \cdot x'(t) &- v(x(t), y(t)) \cdot y'(t) + iu(x(t), y(t) \cdot y'(t) + v(x(t), y(t)) \cdot x'(t). \end{aligned}$$

Parametrisiert man reell mit $C(t) = (x(t), y(t))$, verwendet die Real- und Imaginärteilzerlegung von f und benutzt die reellen Vektorfelder

$$g_1(x,y) = \begin{pmatrix} u(x,y) \\ -v(x,y) \end{pmatrix} \quad \text{und} \quad g_2(x,y) = \begin{pmatrix} v(x,y) \\ u(x,y) \end{pmatrix}$$

dann kann man das komplexe Kurvenintegral in der Form

$$\int_K f(z)\; dz = \int_K g_1\; dv + i \int_K g_2\; dv = \int_a^b (u, -v)(x', y')\; dt + i \int_a^b (v, u)(x', y')\; dt =$$

$$= \int_a^b u(x(t), y(t))x'(t) - v(x(t), y(t))y'(t)\; dt + i \int_a^b u(x(t), y(t))y'(t) + v(x(t), y(t))x'(t)\; dt.$$

schreiben. Hierbei haben wir für das vektorielle Bogenelement dv geschrieben. Das komplexe Kurvenintegral ist also in zwei reelle Kurvenintegrale – das zweite multipliziert mit i – zerlegt worden.

Man verwendet für das komplexe Kurvenintegral auch häufig folgende Schreibweisen:

$$\begin{aligned} \int_K f(z)\; dz = \int_K (u + iv)\; (dx + idy) &= \int_K u\; dx - v\; dy + i \int_K u\; dy + v\; dx = \\ &= \int_a^b ux' - vy'\; dt + i \int_a^b vx' + uy'\; dt, \end{aligned}$$

wobei zur Übersichtlichkeit bei den Funktionen die Argumente weggelassen wurden.

Beispiele:

a) Für $f(z) = z^2$ soll das komplexe Kurvenintegral längs der Kurve K gegeben durch $t \mapsto t + it^2$, $-1 \leq t \leq 1$ berechnet werden.

Parametrisiert man reell so ist $C(t) = (x(t), y(t))$ mit $x(t) = t,\ y(t) = t^2$ und $C'(t) = (1, 2t)$.

Mit $z = x + iy$ ist $f(z) = (x + iy)^2 = x^2 - y^2 + i(2xy)$. Mit $f(z) = u(x, y) + iv(x, y)$ ist dann

$$u(x, y) = (x^2 - y^2) \quad \text{und} \quad v(x, y) = 2xy.$$

Somit

$$\int_K f(z)dz = \int_{-1}^{1} (t^2 - t^4, -2t^3) \cdot (1, 2t)\ dt + i \int_{-1}^{1} (2t^3, t^2 - t^4) \cdot (1, 2t)\ dt =$$

$$\int_{-1}^{1} t^2 - 5t^4\ dt + i \int_{-1}^{1} 4t^3 - 2t^5\ dt \ = \ -\frac{4}{3}.$$

b) Sei $c \in \mathbb{C}, n \in \mathbb{Z}$ und $f(z) = (z - c)^n$. Es soll das Kurvenintegral von f um den Kreis vom Radius r und der Gleichung $|z - c| = r$ berechnet werden.

Kreise lassen sich leicht komplex parametrisieren:

$$C(t) = c + r \cdot e^{it}, 0 \leq t < 2\pi.$$

Mit $c = a + bi$ erhält man mit

$$x(t) = a + r\cos t, y(t) = b + r\sin t, 0 \leq t < 2\pi$$

eine reelle Parametrisierung von K. Es errechnet sich

$$x'(t) = -r\sin t, y'(t) = r\cos t.$$

Interpretiert man dies komplex, so ist

$$C'(t) = r \cdot i \cdot e^{it}.$$

Dies hätte man genauso erhalten, wenn man die komplexe Parametrisierung nach t abgeleitet hätte.

Mit $f(C(t)) = (c + e^{it} - c)^n$ ergibt sich somit

$$\int_K f(z)\ dz \ = \ \int_0^{2\pi} (rie^{it})^n \cdot ire^{it}\ dt \ = \ i \cdot r^{n+1} \cdot \int_0^{2\pi} e^{i(n+1)t}\ dt$$

$$= i \cdot r^{n+1} \cdot \int_0^{2\pi} \cos((n+1)t) + i\sin((n+1)t)\ dt.$$

Für $n = -1$ erhält man:

$$\int_K f(z)\, dz \;=\; 2\pi i.$$

Für $n \neq -1$ ergibt sich jedoch mit $\int \cos((n+1)t)\, dt = \frac{1}{n+1} \cdot \sin((n+1)t)$ bzw. $\int \sin((n+1)t)\, dt = -\frac{1}{n+1} \cdot \cos((n+1)t)$, dass

$$\int_K f(z)\, dz \;=\; 0.$$

Man beachte, dass für negatives n die Funktion in $z = z_0$ einen Pol besitzt, dass aber nur für $n = -1$ das Umlaufintegral nicht Null ist.

Die folgenden Rechenregeln für komplexe Integrale ergeben sich direkt aus jenen für reelle Kurvenintegrale.

Satz 7.3.1:

a) (Linearität)

$$\int_K af(z) + b(g(z)\, dz = a\int_K f(z)\, dz + b\int_K g(z)\, dz.$$

b) Ist K^* die entgegengesetzt durchlaufene Kurve, so gilt:

$$\int_K f(z)\, dz = -\int_{K^*} f(z)\, dz.$$

c) Ist $K = K_1 + \ldots + K_m$, dann gilt

$$\int_K f(z)\, dz = \int_{K_1} f(z)\, dz + \ldots + \int_{K_m} f(z)\, dz.$$

d) Bezeichnet $L(K)$ die Länge der Kurve K , dann gilt:

$$|\int_K f(z)\, dz| \;\leq\; L(K) \cdot \max_{z\in K}(|f(z)|.$$

Satz 7.3.2: Sei $G \subseteq \mathbb{C}$ ein einfach zusammenhängendes Gebiet und $f : G \longrightarrow \mathbb{C}$ sei stetig differenzierbar.

a) (Cauchyscher Integralsatz) Sei K eine in G verlaufende geschlossene Kurve, die sich nur endlich oft überschneidet. Dann gilt:

$$\oint_K f(z)\, dz = 0.$$

b) Seien $a_1, a_2 \in G$ und K_1, K_2 Kurven mit Anfangspunkt a_1 und Endpunkt a_2. Dann gilt:

$$\int_{K_1} f(z)\, dz = \int_{K_2} f(z)\, dz.$$

Beweis: a) Wir nehmen vereinfachend an, dass K doppelpunktfrei ist. Da f stetig differenzierbar ist, sind für $f = u + iv$ die Cauchy - Riemannschen Differentialgleichungen erfüllt, d.h.

$$u_x = v_y \quad \text{und} \quad u_y = -v_x.$$

Betrachte die Vektorfelder $g_1 = (u, -v)$ und $g_2 = (v, u)$. Dann gilt:

$$\text{rot } \mathrm{g}_1 = 0 \quad \text{und rot } \mathrm{g}_2 = 0.$$

Die Kurve K kann man als Rand einer in G liegenden Fläche F auffassen. Nach dem Satz von Green (Satz 2.3.1) gilt dann:

$$\int_K g_1\, dv = 0 \;\; \text{und} \;\; \int_K g_2\, dv = 0.$$

Folglich

$$\int_K f(z)\, dz \;=\; \int_K g_1\, dv + i \int_K g_2\, dv \;=\; 0 + 0 \;=\; 0.$$

b) folgt aus a) .

□

Bemerkungen:

- Ist G nicht einfach zusammenhängend, so gilt Satz 7.3.2 im Allgemeinen nicht. Dies zeigt obiges Beispiel im Fall $n = -1$.
- In der Situation von Satz 7.3.2 b) ist das Integral von a_1 nach a_2 wegunabhängig. Man schreibt dann einfach ohne Bezug auf die verbindende Kurve

$$\int_{a_1}^{a_2} f(z)\, dz$$

Der folgende Satz entspricht dem Hauptsatz der Differential- und Integralrechnung von Funktionen einer reellen Veränderlichen.

Satz 7.3.3: Sei $G \subseteq \mathbb{C}$ ein einfach zusammenhängendes Gebiet und $f : G \longrightarrow \mathbb{C}$ sei stetig differenzierbar.

a) Für fest gewähltes $a_1 \in G$ und variables $z \in G$ ist

$$F(z) := \int_{a_1}^{z} f(\zeta)\, d\zeta$$

eine Stammfunktion von $f(z)$, d.h. es gilt:

$$F'(z) = f(z).$$

b) Verschiedene Stammfunktionen von f unterscheiden sich nur um eine Konstante.

c)

$$\int_{a_1}^{a_2} f(\zeta)\, d\zeta = F(a_2) - F(a_1).$$

Wir wenden uns jetzt nicht einfach zusammenhängenden Gebieten zu.

Satz 7.3.4: Sei G einfach zusammenhängend und K_1, K_2 seien geschlossene Kurven in G. Ferner sei A eine Teilmenge von G , die von K_1 und K_2 in gleicher Orientierung einmal umlaufen werde. $g : G \setminus A \longrightarrow \mathbb{C}$ sei stetig differenzierbar. Dann gilt:

$$\oint_{K_1} g(z)\, dz = \oint_{K_2} g(z)\, dz.$$

Folgerung 7.3.5: Sei $G \subseteq \mathbb{C}$ einfach zusammenhängend und $f : G \longrightarrow \mathbb{C}$ sei stetig differenzierbar. Ferner sei $a \in G, r > 0, n \in \mathbb{Z}$ und K eine geschlossene doppelpunktfreie Kurve in G, so dass der Kreis $C_r(a)$ um a mit Radius r im Innern von K liegt. Dann gilt:

$$\oint_K \frac{f(z)}{(z-a)^n}\, dz = \oint_{C_r(a)} \frac{f(z)}{(z-a)^n}\, dz$$

und

$$\oint_K \frac{1}{(z-a)}\, dz = \oint_{C_r(a)} \frac{1}{(z-a)}\, dz = 2\pi i$$

Beweis: Mit $A = \{a\}$ und $g(z) = \frac{f(z)}{(z-a)^n}$ folgt die Behauptung unmittelbar aus Satz 7.3.4. Der Wert des letzten Integrals wurde im zweiten Beispiel vor Satz 7.3.1 berechnet. □

Satz 7.3.6: (Cauchysche Integralformel) Sei G ein einfach zusammenhängendes Gebiet, $f : G \longrightarrow \mathbb{C}$ sei stetig differenzierbar. K sei eine positiv orientierte geschlossene doppelpunktfreie Kurve. Sei M die von K umschlossene Menge. Es gelte $M^o \subseteq G$ und es sei $z \in M^o$. Dann gilt:

$$f(z) = \frac{1}{2\pi i} \oint_K \frac{f(\zeta)}{(\zeta - z)}\, d\zeta.$$

Insbesondere ist also $f(z)$ durch die Funktionswerte auf K bestimmt.

Man kann zeigen, dass die Differentiation von $f(z)$ in der Cauchyschen Integralformel mit der Integration auf der rechten Seite vertauscht, d.h. es ist

$$f'(z) = \frac{1}{2\pi i} \oint_K \frac{f(\zeta)}{(\zeta - z)^2}\, d\zeta.$$

Iteriert man diesen Prozess, so erhält man

$$f^{(n)}(z) = \frac{n!}{2\pi i} \oint_K \frac{f(\zeta)}{(\zeta - z)^{n+1}}\, d\zeta.$$

Diese Gleichung nennt man die Cauchysche Integralformel für die n - te Ableitung und gilt wiederum für alle Punkte z aus M^o, d.h. aus dem Inneren der Kurve K. Insbesondere sind auch alle Ableitungen von $f(z)$ durch die Werte von f auf dem Rand K bestimmt. Man sieht, dass holomorphe Funktionen beliebig oft differenzierbar sind.

7.4 Potenzreihen, Laurentreihen

Eine Reihe der Form

$$\sum_{k=0}^{\infty} a_k (z - z_0)^k$$

mit $a_k, z_0, z \in \mathbb{C}$ nennt man Potenzreihe mit Entwicklungspunkt z_0 und Koeffizienten a_k. Diese Definition entspricht genau jener von reellen Potenzreihen.

Wie bei reellen Potenzreihen gelten für die Untersuchung auf Konvergenz dieser Reihen das Majorantenkriterium, das Quotientenkriterium und das Wurzelkriterium. Im Unterschied zum Reellen ist der Definitionsbereich (reell betrachtet) 2 - dimensional, z.B. tritt an die Stelle des Konvergenzintervalls ein Konvergenzkreis und das Wort Konvergenzradius gewinnt erst bei komplexen Potenzreihen so richtig seine Bedeutung. Genaueres regelt der folgende Satz.

Satz 7.4.1: Gegeben sei $\sum_{k=0}^{\infty} a_k(z - z_0)^k$. Bezeichne M die Menge aller $z \in \mathbb{C}$, für die diese Potenzreihe konvergiert. Dann gibt es nur die folgenden Möglichkeiten.

a) Es gibt ein $r \in \mathbb{R}^+$, so dass

$$\{z \in \mathbb{C}; |z - z_0| < r\} \subseteq M \subset \mathbb{C} \setminus \{z \in \mathbb{C}; |z - z_0| > r\}.$$

Man nennt dann $\{z \in \mathbb{C}; |z - z_0| \leq r\}$ den Konvergenzkreis der Potenzreihe und r ihren Konvergenzradius. Für jedes $0 < \varrho < r$ konvergiert die Reihe für alle z mit $|z - z_0| \leq \varrho$ gleichmäßig und absolut.

b) Die Potenzreihe konvergiert für alle $z \in \mathbb{C}$. In diesem Fall sagt man, die Potenzreihe besitzt den Konvergenzradius ∞. Die Potenzreihe konvergiert überall gleichmäßig und absolut.

c) Die Potenzreihe konvergiert nur für $z = z_0$. In diesem Fall besitzt die Potenzreihe den Konvergenzradius 0.

Ist die Funktion f durch

$$f(z) = \sum_{k=0}^{\infty} a_k (z - z_0)^k$$

gegeben, dann ist $f(z)$ in den Punkten im Inneren des Konvergenzkreises stetig.

Man beachte, dass im Teil a) des Satzes keine Aussage über die Konvergenz der Potenzreihe auf dem Rand des Konvergenzkreises getroffen wird. Auf dem Rand kann absolute Konvergenz, nicht absolute Konvergenz oder auch gar keine Konvergenz vorliegen. Dies ist wie bei reellen Potenzreihen.

Satz 7.4.2: Sei $f(z) = \sum\limits_{k=0}^{\infty} a_k (z - z_0)^k$ eine Potenzreihe mit Konvergenzradius $r > 0$.

(i) $f(z)$ ist für alle z mit $|z - z_0| < r$ beliebig oft differenzierbar. Es gilt:

$$f'(z) = \sum_{k=1}^{\infty} k \cdot a_k (z - z_0)^{k-1}$$

und die Reihe für $f'(z)$ hat den gleichen Konvergenzradius wie die Reihe für $f(z)$.

(ii) Es gilt

$$a_n = \frac{1}{n!} f^{(n)}(z_0).$$

Insbesondere ist die Darstellung von $f(z)$ als Potenzreihe eindeutig.

Es stellt sich die Frage, ob eine differenzierbare Funktion in eine Potenzreihe entwickelt werden kann. Im Reellen dient dazu die Taylorrreihe

$$\sum_{n=0}^{\infty} f^{(n)}(x_0) \frac{(x - x_0)^n}{n!} \quad .$$

Diese konvergiert, wenn in einer Umgebung von x_0 nur dann gegen $f(x_0)$, wenn das Restglied gegen 0 geht. Es ist aber nicht immer der Fall, dass die Taylorreihe gegen f konvergiert. Für komplexe differenzierbare Funktionen ist die Situation besser.

Satz 7.4.3: Sei $G \subset \mathbb{C}$ ein Gebiet, $z_0 \in G$ und $f : G \longrightarrow \mathbb{C}$ in G differenzierbar. Dann läßt sich f in eine Potenzreihe um z_0 mit positivem Konvergenzradius r entwickeln. Der Radius ist kleiner gleich dem Abstand von z_0 vom Rand ∂G.

Nach Satz 7.4.2 sind Potenzreihen in ihrem Konvergenzkreis beliebig oft differenzierbar. Somit folgt aus Satz 7.4.3

Folgerung 7.4.4: Sei $f : G \longrightarrow \mathbb{C}$ differenzierbar. Dann ist f in G beliebig oft differenzierbar. Ist

$$\sum_{n=0}^{\infty} a_k (z - z_0)^k$$

die Potenzreihendarstellung um z_0, dann ist

$$f^{(n)}(z_0) \;=\; n! \cdot a_n.$$

Also ist eine holomorphe Funktion lokal stets durch eine Taylorreihe

$$f(z) = \sum_{i=0}^{\infty} \frac{f^{(i)}(z_0)}{i!}(z - z_0)^i$$

darstellbar.

Ist eine komplexwertige Funktion an $z_0 \in \mathbb{C}$ nicht definiert, aber für alle Punkte in einem Kreisring um z_0, dann nennt man z_0 eine *Singularität* oder *singuläre Stelle* von f. Typisches Beispiel ist etwa z_0 für $f(z) = \frac{1}{z-z_0}$.

Im folgenden werden wir annehmen, dass f in einem Kreisring um eine Singularität holomorph ist.

Satz 7.4.5: Sei f im Kreisring $R = \{z \in \mathbb{C}; r < |z - z_0| < R\}$ holomorph.

a) Dann gilt für alle $z \in R$

$$f(z) = \sum_{i=-\infty}^{\infty} a_i (z - z_0)^i := \sum_{k=0}^{\infty} a_k (z - z_0)^k + \sum_{k=1}^{\infty} \frac{a_{-k}}{(z - z_0)^k}.$$

b) Für die Koeffizienten a_k gilt:

$$a_k = \frac{1}{2\pi i} \oint_{K_\varrho} \frac{f(\zeta)}{(\zeta - z_0)^{k+1}}\, d\zeta.$$

Hierbei ist K_ϱ für $r < \varrho < R$ der Kreis um z_0 mit Radius ϱ. Die Koeffizienten sind also eindeutig bestimmt. Man nennt die Reihe

$$\sum_{i=-\infty}^{\infty} a_i(z - z_0)^i$$

die *Laurentreihe* von f um z_0.

c) Die Teilsummen

$$\sum_{k=0}^{\infty} a_k(z - z_0)^k \text{ bzw. } \sum_{k=1}^{\infty} \frac{a_{-k}}{(z - z_0)^k}$$

der Laurentreihe konvergieren absolut und gleichmäßig in jedem Teilring von R.

Bemerkungen: In Satz 7.4.5 wurde nicht vorausgesetzt, dass im Inneren des Kreisringes, insbesondere in z_0 eine Singularität existiert. Ist f im Inneren ebenfalls holomorph, dann wird aus der Laurentreihe um z_0 die Taylorreihe um z_0 (vgl. 7.4.4), d.h. es gilt wegen der Eindeutigkeit $c_i = 0$ für alle negativen Indices i.

Unter dem Hauptteil einer Laurentreihe $\sum_{i=-\infty}^{\infty} a_i(z - z_0)^i$ versteht man den Teil mit negativen Indices, also

$$\sum_{i=-\infty}^{1} a_i(z - z_0)^i.$$

Ist dieser Hauptteil 0, dann liegt eine Potenzreihe vor und an der Stelle z_0 liegt keine Singularität vor. Im Gegenteil, die durch die Reihe dargestellte Funktion ist an z_0 holomorph. Liegt an einer z_0 also eine Singularität vor, so ist hierfür der Hauptteil der Laurentreihe verantwortlich.

Man unterscheidet drei verschiedene Arten von Singularitäten. Besteht der Hauptteil der Laurentreihe von f um z_0 aus unendlich vielen von 0 verschiedenen Summanden, dann nennt man z_0 eine *wesentliche Singularität* von f. Besteht der Hauptteil nur aus endlich vielen Summanden und ist $a_{-n} \neq 0$ und $a_{-i} = 0$ für alle $i > 0$ dann nennt man die Singularität z_0 einen *Pol* n - ter Ordnung. Letztlich, ist der Hauptteil 0, so nennt man z_0 eine *hebbare Singularität.*

Beispiele:

a) Für die Funktion $f(z) = e^{\frac{1}{z}}$ erhält man aus der Exponentialreihe, indem man z durch $\frac{1}{z}$ ersetzt, die Laurentreihe

$$e^{\frac{1}{z}} = 1 + \frac{1}{z} + \frac{1}{2!z^2} + \frac{1}{3!z^3} + \ldots$$

um die wesentliche Singularität $z_0 = 0$.

b) Die rationale Funktion $\dfrac{1}{(z-z_0)^n}$ hat an $z = z_0$ einen Pol der Ordnung n.

c) $\dfrac{\sin z}{z}$ besitzt an $z = 0$ eine hebbare Singularität.

d) Gesucht sind Laurentreihen von $f(z) = \frac{1}{(z-1)(z+i)}$. f besitzt die Singularitäten $z = 1$ und $z = -i$, die voneinander den Abstand $\sqrt{2}$ besitzen.

Es soll zunächst eine Laurentreihe von f um $z = 1$ im Kreisring $R = \{z \in \mathbb{C}; 0 < |z-1| < \sqrt{2}\}$ berechnet werden. Hierzu ist folgende Umformung nützlich.

$$\frac{1}{z+i} = \frac{1}{1+i+z-1} = \frac{1}{1+i} \cdot \frac{1}{1+\frac{z-1}{1+i}} = \frac{1}{1+i} \cdot \frac{1}{1-\frac{1-z}{i+1}} = \frac{1}{1+i} \cdot \sum_{n=0}^{\infty} \left(\frac{1-z}{1+i}\right)^n .$$

Für die letzte Umformung wurde die geometrische Reihe verwendet, wozu vorausgesetzt werden muss, dass $|1-z| < |1+i| = \sqrt{2}$ ist. Für $0 < |1-z| < \sqrt{2}$ erhält man somit die Laurentreihe

$$f(z) = \frac{1}{z+i} \cdot \frac{1}{z-1} = \sum_{n=0}^{\infty} \frac{(-1)^n \cdot (z-1)^{n-1}}{(1+i)^{n+1}} = \sum_{n=-1}^{\infty} \frac{(-1)^n \cdot (z-1)^n}{(1+i)^{n+2}} .$$

Wie ist die Entwicklung im „Kreisring “$G = \{z \in \mathbb{C}; |z-1| > \sqrt{2}\}$? Es gilt

$$\frac{1}{z+i} = \frac{1}{1+i+z-1} = \frac{1}{z-1} \cdot \frac{1}{1+\frac{1+i}{z-1}} = \frac{1}{z-1} \cdot \sum_{n=0}^{\infty} \left(-\frac{1+i}{z-1}\right)^n .$$

Hierbei wurde wieder die geometrische Reihe benutzt. Diesesmal muss hierzu $|\frac{1+i}{z-1}| < 1$ gelten, also $\sqrt{2} < |z-1|$, was in G gerade erfüllt ist. Als Laurentreihe ergibt sich somit in G

$$f(z) = \sum_{n=-\infty}^{-2} (-1)^n \frac{(z-1)^n}{(1+i)^n} .$$

Um die Singularität $z = 1$ zu klassifizieren, verwendet man die erste Laurentreihe

$$\sum_{n=-1}^{\infty} \frac{(-1)^n \cdot (z-1)^n}{(1+i)^{n+2}}$$

mit Hauptteil $\dfrac{-(z-1)^{-1}}{1+i}$. Es liegt also ein Pol erster Ordnung vor. Analog sieht man auch, dass $z = -i$ ein Pol erster Ordnung ist.

Aus der Eindeutigkeit der Entwicklung in Potenzreihen erhält man unmittelbar folgendes Resultat.

Satz 7.4.6. (Identitätssatz) Seien f und g holomorphe Funktionen von G nach $\mathbb{C}$. Gibt es eine Teilmenge M von G, die einen Häufungspunkt besitzt, und gilt $f(m) = g(m)$ für alle $m \in M$, dann gilt

$$f(z) = g(z) \quad \forall z \in G.$$

Die gleiche Aussage gilt auch, wenn es ein $z_0 \in G$ gibt, so dass $f^{(k)}(z_0) = g^{(k)}(z_0)$ für alle $k \in \mathbb{N}$ ist.

Bemerkungen: a) Mit Hilfe des Identitätssatzes kann man leicht zeigen. dass sich reelle Funktionen wie $e^x, \cos x, \sin x, \ldots$ nur auf eine Art und Weise holomorph auf $\mathbb{C}$ fortsetzen lassen und dass die reelle Potenzreihe und die Potenzreihe der Fortsetzung formal gleich ausschauen. Satz 7.4.6 wendet man hierzu mit $M = \mathbb{R}$ und $G = \mathbb{C}$ an. In $\mathbb{R}$ gibt es Häufungspunkte in Hülle und Fülle; jede reelle Zahl ist ein Häufungspunkt von $\mathbb{R}$.
b) Um zu zeigen, dass für beliebige komplexe Zahlen die Identität

$$\sin^2 z + \cos^2 z = 1$$

gilt, betrachtet man die Funktion $f(z) := \sin^2 z + \cos^2 z - 1$. f ist nach den Differentiationsregeln holomorph und verschwindet auf $\mathbb{R}$ (es wird also die Formel für $z \in \mathbb{R}$ vorausgesetzt). Nach Satz 7.4.6 folgt dann, dass f mit der Funktion, die konstant 0 ist, übereinstimmen muss. Dies beweist die Formel.

7.5 Residuensatz und Anwendungen auf reelle Integrale

Sei $G \subseteq \mathbb{C}$ ein einfach zusammenhängendes Gebiet mit stückweise stetig differenzierbarer Randkurve $K = \partial G$.
Die Funktion f sei bis auf endlich viele Ausnahmepunkte $z_1, \ldots, z_n$ in G stetig differenzierbar. Ziel ist es zunächst, das Umlaufintegral $\oint_K f(z)\, dz$ zu berechnen.

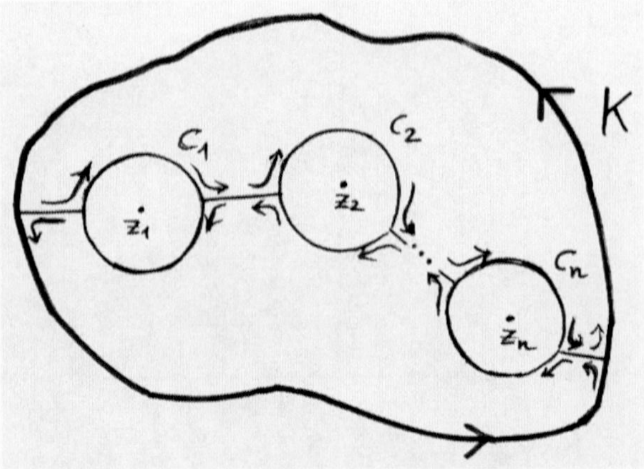

Hierzu legt man um jeden Ausnahmepunkt z_i einen Kreis $C_i \subset G$ mit Radius r_i . Die Radien seien hierbei so gewählt, dass sich die Kreise C_i weder schneiden noch berühren. Alle Kreise seien positiv orientiert.
Mit Hilfe des Cauchyschen Integralsatzes sieht man (vgl. Skizze), dass es lediglich darauf ankommt die Kurvenintegrale um die einzelnen Kreise zu berechnen und aufzusummieren. Die Kreise C_i werden in der Skizze negativ durchlaufen, daher

$$\int_K f(z)\, dz - \sum_{k=1}^{n} \int_{C_k} f(z)\, dz \;=\; 0 \,.$$

Es gilt also:

$$\int_K f(z)\, dz = \sum_{k=1}^{n} \int_{C_k} f(z)\, dz.$$

Die Ausgangsfrage reduziert sich also auf die Berechnung von Kurvenintegralen längs geschlossener Kurven um einen Ausnahmepunkt. Solche Kurvenintegrale lassen sich bei entsprechender Bauart von f mit Hilfe der Cauchyschen Integralformel berechnen.

Beispiel: Sei

$$f(z) = \frac{e^{iz}}{z^2+1}.$$

Für $r > 0$ bezeichne K_r^+ die geschlossene Kurve, die sich aus dem von links nach rechts durchlaufenen Intervall $[-r, r]$ und der positiv orientierten oberen Hälfte H_r^+ des Kreises um 0 von Radius r in der komplexen Zahlenebene zusammensetzt.

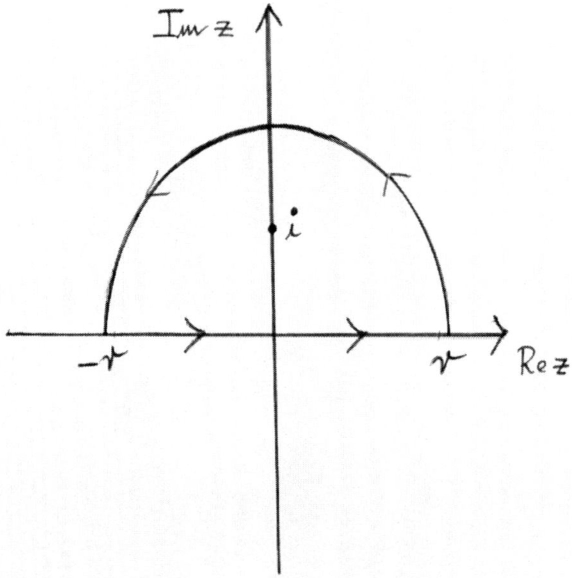

Die Nullstelle i des Nenners von f liegt im Innern von K_r^+, wenn r groß genug ist. Es ist dann mit

$$g(z) \;=\; \frac{e^{iz}}{z+i}$$

und nach der Cauchyschen Integralformel

$$\int_{K_r^+} f(z)\,dz \;=\; \int_{K_r^+} \frac{g(z)}{z-i}\,dz \;=\; 2\pi i \cdot g(i) \;=\; 2\pi i \cdot \frac{e^{-1}}{2i} \;=\; \pi e^{-1}\,.$$

Das Kurvenintegral läßt sich jedoch auch folgendermaßen ausdrücken:

$$\int_{K_r^+} f(z)\,dz \;=\; \int_{-r}^{r} \frac{e^{ix}}{x^2+1}\,dx + \int_{H_r^+} f(z)\,dz.$$

Für jedes $r > 0$ gilt dann

$$\int_{-r}^{r} \frac{e^{ix}}{x^2+1}\,dx = \pi e^{-1} - \int_{H_r^+} \frac{e^{iz}}{z^2+1}\,dz.$$

Für $r \longrightarrow \infty$ verschwindet das rechte Integral, denn mit 7.3.1 d) ergibt sich

$$(*) \qquad \left|\int_{H_r^+} \frac{e^{iz}}{z^2+1}\,dz\right| \;\le\; L(H_r^+) \cdot \max_{z \in H_r^+} \left|\frac{e^{iz}}{z^2+1}\right| \;\le\; \pi r \frac{|e^{ia} \cdot e^{-b}|}{r^2-1} \;\le\; \frac{\pi r}{r^2-1}\,.$$

Wegen $\lim\limits_{r\longrightarrow\infty}\dfrac{\pi r}{r^2-1}=0$ ist

$$\lim_{r\longrightarrow\infty}\int_{H_r^+}\frac{e^{iz}}{z^2+1}\,dz=0.$$

Bei der Abschätzung in (*) wurde im Zähler ausgenutzt, dass für $z=a+ib$ und $z\in H_r^+$ stets $e^{-b}\leq 1$ ist, da der Halbkreis in der oberen Halbebene liegt und somit $b\geq 0$ ist. Ferner ist für reelles a stets $|e^{ia}|=1$.

Für $z_1,z_2\in\mathbb{C}$ ist $|z_1+z_2|\geq|z_1|-|z_2|$. Dies führt bei der Abschätzung in (*) im Nenner zu $|z^2+1|\geq r^2-1$ und somit zu $\dfrac{1}{|z^2+1|}\leq\dfrac{1}{r^2-1}$ für $z\in H_r^+$.

Insgesamt ergibt sich:

$$\lim_{r\longrightarrow\infty}\int_{-r}^{r}\frac{e^{ix}}{x^2+1}\,dx=\int_{-\infty}^{\infty}\frac{e^{ix}}{x^2+1}\,dx=\pi\cdot e^{-1}.$$

Mit $e^{ix}=\cos x+i\sin x$ folgt dann

$$\int_{-\infty}^{\infty}\frac{\cos x}{x^2+1}\,dx+i\int_{-\infty}^{\infty}\frac{\sin x}{x^2+1}\,dx=\pi\cdot e^{-1}.$$

Vergleich von Real- und Imaginärteil liefert letztlich folgende Ergebnisse

$$\int_{-\infty}^{\infty}\frac{\cos x}{x^2+1}\,dx=\pi e^{-1}\quad\text{bzw.}\quad\int_{-\infty}^{\infty}\frac{\sin x}{x^2+1}\,dx=0.$$

Betrachtet man das erste der beiden uneigentlichen Integrale, so sieht man, dass man durch Rechnung im Komplexen ein Ergebnis erhalten hat, welches rein reell gerechnet nicht so leicht zu erzielen gewesen wäre. Diese Methode läßt sich verallgemeinern.

Definition: Sei $G\subseteq\mathbb{C}$ ein einfach zusammenhängendes Gebiet. f sei in $G\setminus\{z_0\}$ holomorph und $K\subset G$ sei eine positiv orientierte geschlossene doppelpunktfreie Kurve um z_0. Dann nennt man

$$\mathrm{Res(f,z_0)}:=\frac{1}{2\pi\mathrm{i}}\oint_{\mathrm{K}}\mathrm{f(z)\;dz}$$

das *Residuum* von f an z_0.

Satz 7.5.1:(Residuensatz)

Sei $G\subseteq\mathbb{C}$ einfach zusammenhängendes Gebiet und K eine ganz in G liegende geschlossene doppelpunktfreie positiv orientierte Kurve. $f:G\longrightarrow\mathbb{C}$ sei bis auf endlich viele Ausnahmepunkte $z_1,\dots z_n$ innerhalb von K stetig differenzierbar. Dann gilt:

$$\oint_K f(z)\,dz = 2\pi i \sum_{i=1}^{n} \mathrm{Res(f, z_i)}.$$

Herleitung des Residuensatz: Die Notationen seien wie zu Beginn des Abschnitts 7.5. gewählt. Zur Berechnung von $\oint_K f(z)dz$ erhält man zunächst mit dem Cauchyschen Integralsatz

$$\oint_K f(z)dz = \sum_{k=1}^{n} \oint_{C_k} f(z)dz\ ,$$

wobei C_k positiv orientierte Kreise mit Radius R_k um z_k sind. Die Radien sind so gewählt, dass f in C_k ohne Mittelpunkt z_k holomorph ist. Daher lässt sich f dort in eine Laurentreihe um z_k entwickeln. Man erhält somit

$$\oint_K f(z)dz = \oint_{C_k} \sum_{j=-\infty}^{\infty} a_j^{(k)}(z-z_0)^j dz.$$

Ausnutzung von gleichmäßiger Konvergenz liefert

$$\oint_{C_k} \sum_{j=-\infty}^{\infty} a_j^{(k)}(z-z_0)^j dz = \sum_{j=-\infty}^{\infty} \left(a_j^{(k)} \oint_{C_k} (z-z_0)^j dz \right) = 2\pi i a_{-1}^{(k)}\ ,$$

wobei zur letzten Gleichung verwendet wurde, dass $\oint_{C_k}(z-z_0)^j dz = 0$ ist, außer für $j=-1$. Im letzteren Fall hat das Umlaufintegral den Wert $2\pi i$ (vgl. das Beispiel vor Satz 7.3.1).

Insgesamt ergibt sich

$$\oint_K f(z)dz = 2\pi i \sum_{k=1}^{n} a_{-1}^{(k)} = 2\pi i \sum_{k=1}^{n} \mathrm{Res(f, z_k)}\ ,$$

also die Aussage des Residuensatzes.

Zur Berechnung von Residuen ist folgendes Resultat nützlich.

Satz 7.5.2: Sei $G \subseteq \mathbb{C}$ ein einfach zusammenhängendes Gebiet. f sei in $G \setminus \{z_0\}$ stetig differenzierbar und $K \subset G$ sei eine positiv orientierte geschlossene doppelpunktfreie Kurve um z_0. $f(z)$ sei gegeben durch

$$f(z) = \frac{g(z)}{(z-z_0)^n}.$$

$g : G \longrightarrow \mathbb{C}$ sei stetig differenzierbar. Dann gilt:

$$\mathrm{Res}(\mathrm{f}, \mathrm{z}_0) = \frac{1}{(\mathrm{n}-1)!}\mathrm{g}^{(\mathrm{n}-1)}(\mathrm{z}_0).$$

Bemerkung: Aus der Definition des Residuums ersieht man unmittelbar, dass das Residuum $\mathrm{Res}(\mathrm{f}, \mathrm{z}_0)$ mit dem Koeffizienten a_{-1} der Laurentreihe von f um z_0 übereinstimmt. Man kann also Residuen auch durch Berechnen der Laurentreihe um z_0 bestimmen, was aber in der Praxis in der Regel häufig mehr Aufwand erfordert.

Etwas allgemeiner als 7.5.2 gilt:

Satz 7.5.3: Für das Residuum einer Funktion f an einem Pol z_0 von k-ter Ordnung gilt:

$$\mathrm{Res}(\mathrm{f}, \mathrm{z}_0) = \frac{1}{(\mathrm{k}-1)!} \lim_{\mathrm{z} \longrightarrow \mathrm{z}_0} \left(\frac{\mathrm{d}^{\mathrm{k}-1}}{\mathrm{d}\mathrm{z}^{\mathrm{k}-1}}((\mathrm{z}-\mathrm{z}_0)^{\mathrm{k}}\mathrm{f}(\mathrm{z})) \right) .$$

Satz 7.5.2 ist ein Spezialfall von Satz 7.5.3; denn setzt man $f(z) = \frac{g(z)}{(z-z_0)^k}$ dann folgt aus 7.5.3

$$\lim_{z \longrightarrow z_0} \left(\frac{d^{k-1}}{dz^{k-1}}((z-z_0)^k f(z)) \right) = \lim_{z \longrightarrow z_0} \left(\frac{d^{k-1}}{dz^{k-1}}(g(z)) \right) = g^{(k-1)}(z_0) .$$

Um Satz 7.5.3 herzuleiten, entwickelt man f um z_0 in eine Laurentreihe

$$f(z) = \frac{a_{-k}}{(z-z_0)^k} + \ldots + \frac{a_{-1}}{z-z_0} + \sum_{n=0}^{\infty} a_n (z-z_0)^n .$$

Multiplikation von $f(z)$ mit $(z-z_0)^k$ liefert dann

$$(z-z_0)^k f(z) = a_k + \ldots + a_{-1}(z-z_0)^{k-1} + \sum_{n=0}^{\infty} a_n (z-z_0)^{n+k} .$$

$k-1$-faches Ableiten zeigt

$$\frac{d^{k-1}}{dz^{k-1}}((z-z_0)^k f(z)) = 0 + \ldots 0 + (k-1)! a_{-1} + \frac{d^{k-1}}{dz^{k-1}} \sum_{n=0}^{\infty} a_n (z-z_0)^{n+k} .$$

Da beim beim $(k-1)$-fachen gliedweisen Ableiten der unendlichen Summe jeder Term noch $z-z_0$ als Faktor besitzt, kann man

$$\frac{d^{k-1}}{dz^{k-1}}\sum_{n=0}^{\infty} a_n(z-z_0)^{n+k} \;=\; (z-z_0)\cdot s(z)$$

schreiben. Für $z \longrightarrow z_0$ ergibt sich dann mit obiger Bemerkung unmittelbar die Formel von 7.5.3. □

Spezialfälle: Für Pole erster bzw. zweiter Ordnung liest sich die Formel aus 7.5.3 folgendermaßen:

- $(k=1)$. $\quad \mathrm{Res(f, z_0) = lim_{z \longrightarrow z_0}(z - z_0) \cdot f(z)}$.
- $(k=2)$. $\quad \mathrm{Res(f, z_0) = lim_{z \longrightarrow z_0}\left(\frac{d}{dz}((z - z_0)^2 \cdot f(z))\right)}$.

Ebenso folgt aus 7.5.3.

Satz 7.5.4. Gilt $f(z) = \frac{h(z)}{g(z)}$ mit $h(z_0) \neq 0, g(z_0) = 0, g'(z_0) \neq 0$, dann ist

$$\mathrm{Res(f, z_0) = \frac{h(z_0)}{g'(z_0)}}\ .$$

Beweis: Verwende die Formel von 7.5.3 für $k = 1$. Dann ist

$$\mathrm{Res(f, z_0) = \lim_{z \longrightarrow z_0}\left((z - z_0)\frac{h(z)}{g(z)}\right) = \lim_{z \longrightarrow z_0}\left(\frac{h(z)}{\frac{g(z)-g(z_0)}{z-z_0}}\right) = \frac{h(z_0)}{g'(z_0)}}\ ,$$

wobei in der mittleren Gleichung $g(z_0) = 0$ ausgenutzt wurde. □

7.6 Fundamentalsatz der Algebra

Satz 7.6.1: (Satz von Liouville) Sei $f : \mathbb{C} \longrightarrow \mathbb{C}$ stetig differenzierbar und beschränkt, d.h.

$$\exists_{C>0}\ \forall_{z\in\mathbb{C}}\ \ |f(z)| < C.$$

Dann ist $f(z)$ konstant.

Beweis: Sei $z \in \mathbb{C}$ beliebig vorgegeben und sei K der Kreis um z mit Radius r. Nach der Cauchyschen Integralformel für die erste Ableitung gilt :

$$|f'(z)| = |\frac{1}{2\pi i}\oint_K \frac{f(\zeta)}{(\zeta - z)^2}\,d\zeta| \;\leq\; \frac{C}{2\pi}\oint_K \frac{1}{(\zeta - z)^2}\,d\zeta \;\leq\; \frac{M}{2\pi}\cdot 2\pi r\cdot \frac{1}{r^2}\,.$$

Für die letzte Ungleichung wurde Rechenregel 7.3.1.d) angewandt.

Läßt man r gegen 0 gehen, so folgt $|f'(z)| = 0$. □

Satz 7.6.2: (Fundamentalsatz der Algebra) Jedes Polynom

$$f(z) = \sum_{i=0}^{n} a_i z^i,\; a_i \in \mathbb{C},\; a_n = 1$$

vom Grad $n \geq 1$ besitzt mindestens eine komplexe Nullstelle.

Beweis: Annahme es sei $f(z) \neq 0$ für alle $z \in \mathbb{C}$. Dann ist

$$g(z) := \frac{1}{f(z)}$$

eine stetig differenzierbare Funktion von $\mathbb{C}$ nach $\mathbb{C}$. Es ist

$$\lim_{|z|\longrightarrow\infty} |f(z)| \geq \lim_{|z|\longrightarrow\infty} ||z^n| - \sum_{i=0}^{n-1} |a_i||z^i|| = \infty.$$

Folglich ist

$$\lim_{|z|\longrightarrow\infty} |g(z)| = 0.$$

Somit ist $g(z)$ beschränkt und nach dem Satz von Liouville ist $g(z)$ dann eine Konstante. Dann ist aber auch $f(z)$ konstant, im Widerspruch zur Annahme. □

Folgerung: Jedes Polynom

$$f(z) = \sum_{i=0}^{n} a_i z^i,\; a_i \in \mathbb{C},\; a_n = 1$$

vom Grad $n \geq 1$ läßt sich als ein Produkt von n Linearfaktoren schreiben, d.h.

$$f(z) = (z - z_1)\cdot\ldots\cdot(z - z_n)\;.$$

Beweis: Dies ergibt sich aus dem Fundamentalsatz der Algebra sofort mit Hilfe von Polynomdivision und Induktion. □

7.7 Geometrische Eigenschaften holomorpher Funktionen

Sei $G \subset \mathbb{C}$ ein Gebiet und $f : G \longrightarrow \mathbb{C}$ holomorph. Zerlegt man f in Real- und Imaginärteil, also $f = u + iv$, dann gilt für die Funktionaldeterminante von f - aufgefaßt als

Transformation im $\mathbb{R}^2$ - $v_y - v_x u_y$. Da f holomorph ist, gelten die Cauchy - Riemannschen Differentialgleichungen, also $u_x = v_y$ und $u_y = -v_x$. Somit folgt für die Funktionaldeterminante

$$|f| = |\frac{\partial(u,v)}{\partial(x,y}| = u_x^2 + v_x^2 = u_x^2 + u_y^2 = |f'(z)|^2.$$

Ist $f'(z) \neq 0$, dann folgt, dass f in einer Umgebung von z injektiv ist, d.h. hinreichend kleine Gebiete um z haben Gebiete als Bilder. Diese Eigenschaft holomorpher Abbildungen nennt man Gebietstreue.

Satz 7.7.1: Sei $G \subset \mathbb{C}$ ein Gebiet und $f : G \longrightarrow \mathbb{C}$ holomorph. Sei $z_0 \in G$ mit $f'(z_0) \neq 0$.

a) Seien C_1 und C_2 differenzierbare Kurven durch z_0, die sich unter dem Winkel α schneiden, dann schneiden sich die Bildkurven $f(C_1)$ und $f(C_2)$ ebenfalls unter dem Winkel α. Die Orientierung des Winkels bleibt hierbei erhalten(Diese Eigenschaft nennt man Winkeltreue)

b) Sei C eine differenzierbare Kurve durch z_0. Die Länge eines Tangentenvektors von C durch z_0 verändert sich unter f um den Faktor $|f'(z_0)|$. Die Verzerrung hängt also nur von z_0 und f ab und nicht von der Kurve bzw. ihrer Parametrisierung. (Diese Eigenschaft nennt man die Ähnlichkeit im Kleinen.)

Winkeltreue (d.h. inclusive Orientierung) Abbildungen $G \longrightarrow \mathbb{C}$ nennt man *konform*. Holomorphe Funktionen sind nach obigem Satz konform, ausgenommen kritische Punkte, d.h. Punkte z mit $f'(z) = 0$.

Beispiele und Folgerungen:

a) $f(z) = e^z$ ist überall konform.
Geraden parallel zur imaginären Achse werden auf Kreise um den Ursprung abgebildet. Der Einheitskreis wird weder auf eine Gerade noch auf einen Kreis abgebildet. Geraden parallel zur reellen Achse werden in Strahlen aus dem Ursprung abgebildet.

(b) $f(z) = z^2$ ist an der Stelle $z_0 = 0$ nicht winkeltreu. Es gilt $f'(0) = 0$. Die Voraussetzung von Satz 7.7.1 ist also nicht überflüssig.

c) Ist $f : G \longrightarrow \mathbb{C}$ mit $f(z) = f(x+iy) = u(x,y) + iv(x,y)$ holomorph und $f'(z) \neq 0$ in G, dann sind im $\mathbb{R}^2$ die Kurven $u(x,y) =$ const. und $v(x,y) =$ const. zueinander orthogonal, da sie unter f in Parallelen (möglicherweise nicht in die ganze Parallele) zu den Koordinatenachsen, d.h. der Realteilachse bzw. der Imaginärteilachse der w - Ebene, abgebildet werden (denn ist $u(x_0 + iy_0) = k$, dann ist $f(x_0 + iy_0) = (k, v(x_0, y_0))$).

Definition: Gebrochen lineare Funktionen der Form

$$f(z) = \frac{az+b}{cz+d} \text{ mit } \det\begin{pmatrix} a & b \\ c & d \end{pmatrix} \neq 0$$

heißen *Möbiustransformationen*.

Beispiele:

a) Translationen sind Möbiustransformationen. In $f(z) = \frac{az+b}{cz+d}$ ist dann $c = 0$ und $\frac{a}{d} = 1$. Wegen $c = 0$ folgt aus der Determinantenbedingung $ad - bc \neq 0$, dass $a \neq 0$ und $d \neq 0$.

b) Drehstreckungen, also Abbildungen der Form $z \mapsto e \cdot z$ sind Möbiustransformationen. In $f(z) = \frac{az+b}{cz+d}$ ist hier $c = b = 0$ und $\frac{a}{d} = e$.

c) Setze $\Delta = ad - bc$. Ist $c \neq 0$ in $f(z) = \frac{az+b}{cz+d}$, dann kann man wegen

$$(*) \quad f(z) = \frac{\frac{a}{c}(cz+d) - \frac{a}{c}d + b}{cz+d} = \frac{a}{c} - \frac{ad-bc}{c(cz+d)} = \frac{a}{c} - \frac{\Delta}{c(cz+d)}$$

die Möbiustransformation f als Komposition der Drehstreckung $z \mapsto \frac{-c^2 z}{\Delta}$, der Translation $z \mapsto z - \frac{cd}{\Delta}$, der Inversion $z \mapsto \frac{1}{z}$ und letztlich der Translation $z \mapsto z + \frac{a}{c}$ zusammensetzen.

d) Mit Hilfe der Umformung (*) sieht man leicht, dass Möbiustransformationen injektiv sind und dass $\frac{a}{c}$ im Fall $c \neq 0$ die einzige komplexe Zahl ist, die nicht im Bild von f auftaucht.

Mit Komposition bilden Möbiustransformationen eine Gruppe. Sind f und g Möbiustransformationen mit

$$f(z) = \frac{a_1 z + b_1}{c_1 z + d_1} \text{ bzw. } g(z) = \frac{a_2 z + b_2}{c_2 z + d_2}$$

dann ist

$$g(f(z)) = \frac{a_3 z + b_3}{c_3 z + d_3}$$

mit

$$\begin{pmatrix} a_3 & b_3 \\ c_3 & d_3 \end{pmatrix} = \begin{pmatrix} a_2 & b_2 \\ c_2 & d_2 \end{pmatrix} \cdot \begin{pmatrix} a_1 & b_1 \\ c_1 & d_1 \end{pmatrix}.$$

Satz 7.7.2: Eine Möbiustransformation bildet Kreise auf Kreise oder Geraden ab, sowie Geraden in Kreise oder Geraden.

Möbiustransformationen lassen sich mit Hilfe der Riemannschen Zahlenkugel besser beschreiben. Diese ist folgendermaßen definiert.

Im $\mathbb{R}^3$ setzt man eine Kugel mit Durchmesser 1 auf die (x, y) - Ebene, so dass sie diese im Ursprung berührt. Die (x, y) - Ebene werde in der üblichen Weise mit $\mathbb{C}$ identifiziert. Verbindet man $z \in \mathbb{C}$ mit dem Nordpol $(0, 0, 1)$ der Kugel, so schneidet die Verbindungsgerade die Kugeloberfläche S in genau einem Punkt. Man erhält auf diese Weise eine Bijektion von $\mathbb{C}$ mit $S \setminus \{(0, 0, 1)\}$. Nimmt man nun zu $\mathbb{C}$ einen Punkt ∞ genannt hinzu, dann kann man diese Konstruktion zu einer Bijektion von $\mathbb{C} \cup \{\infty\}$ und der Kugeloberfläche S fortsetzen. Die so konstruierte Bijektion $\rho : \mathbb{C} \cup \{\infty\} \longrightarrow S$ nennt man *stereographische Projektion*. S nennt man Riemannsche Zahlenkugel.

Das Bild des Einheitskreises unter ρ nennt man den Äquator der Kugel. Das Innere des Einheitskreises korrespondiert zur Südhalbkugel, das Äußere zur Nordhalbkugel.

Man kann somit Möbiustransformationen auf die Riemannsche Zahlenkugel S ausdehnen.

Hierzu muss dann, wenn

$$f(z) = \frac{az + b}{cz + d}$$

ist,

$$f(-\frac{d}{c}) = \infty \quad \text{und} \quad f(\infty) = \frac{a}{c}$$

gesetzt werden. Da Möbiustransformationen mit $c \neq 0$ als Funktionen von $\mathbb{C} \setminus \{\frac{-d}{c}\}$ nach $\mathbb{C}$ injektiv sind, vgl. Beispiel d) vor Satz 7.7.2 , und genau eine komplexe Zahl nicht im Bild liegt, ist die Erweiterung zu einer Funktion von $S \longrightarrow S$ eindeutig. ∞ muss dann jene komplexe Zahl sein, die nicht im Bild liegt. Diese ist $\frac{a}{c}$. Falls $c = 0$ ist, also wenn sich die Möbiustransfromation nur aus einer Translation und einer Drehstreckung zusammensetzt, ist bei der Erweiterung ∞ das Bild von ∞. Ist $c = 0$, dann folgt aus der Determinantenbedingung $a \neq 0$ und $d \neq 0$. Mit nachfolgenden Rechenregeln ist dann $\frac{a}{c} = -\frac{d}{c} = \infty$. Somit ist dann auch für Möbiustransformationen f mit $c = 0$ die obige angegebene Erweiterung von f gültig.

In allen Fällen ist die Erweiterung eine bijektive Abbildung von S nach S.

Man beachte, dass in $\mathbb{C} \cup \{\infty\}$ für $z \in \mathbb{C}$ folgende Rechenregeln sinnvoll sind:

$$\frac{z}{\infty} = 0, \; z + \infty = \infty, \; \frac{z}{0} = \infty, \; z \cdot \infty = \infty.$$

Bei den letzten beiden Regeln ist $z \neq 0$.

Unter der stereographischen Projektion korrespondieren Geraden und Kreise in $\mathbb{C}$ zu Kreisen auf der Zahlenkugel. Dies begründet, dass man Geraden in $\mathbb{C}$ als Kreise mit unendlichem Radius auffassen kann. Auf der Zahlenkugel sind Möbiustransformationen kreistreue Abbildungen.

Beweis von Satz 7.7.2: Da Translationen und Drehstreckungen Kreise in Kreise und Geraden in Geraden abbilden, genügt es wegen der Zerlegung einer Möbiustransformation gemäß Beispiel c) vor Satz 7.7.2 zu zeigen, dass der Satz für die Inversion $z \mapsto \frac{1}{z}$ richtig ist.

Im $\mathbb{R}^2$ ist eine Gerade durch die Gleichung

$$a_1 x + a_2 y + c = 0, \quad (a_1, a_2) \neq (0, 0)$$

gegeben. Mit $z = x + iy$ und $a = \dfrac{a_1}{2} + \dfrac{a_2}{2} i$ geht diese Gleichung in

$$\bar{a}z + a\bar{z} + c = 0$$

über. In der komplexen Zahlenebene hat ein Kreis die Form

$$|z - a|^2 = r^2 \;\text{ bzw. }\; z\bar{z} - a\bar{z} - \bar{a}z + a\bar{a} = r^2.$$

Die allgemeine Form eines Kreises oder einer Geraden in der komplexen Zahlenebene kann man also durch

$$(*) \quad c_1 z\bar{z} - a\bar{z} - \bar{a}z + c_2 = 0$$

beschreiben. Hierbei sind $c_1, c_2 \in \mathbb{R}$ und $a \in \mathbb{C}$ mit $c_2 \cdot c_1 < a\bar{a}$.

Dividiert man (*) mit $z\bar{z}$ durch so erhält man

$$\frac{c_2}{z\bar{z}} - \frac{a}{z} - \frac{\bar{a}}{\bar{z}} + c_1 = 0$$

bzw. mit $\overline{f(z)} = \dfrac{\bar{1}}{z} = \dfrac{1}{\bar{z}}$

$$c_2 f(z)\overline{(f(z)} - af(z) - \overline{af(z)} + c_1 = 0.$$

Also erfüllen die Bildpunkte (ersetze a durch $\bar{a}$) wieder eine Kreis- oder eine Geradengleichung. □

Satz 7.7.3: Schreibt man drei beliebigen paarweise verschiedenen Punkten P_1, P_2, P_3 der Zahlenkugel S drei paarweise verschiedene Punkte Q_1, Q_2, Q_3 als Bildpunkte vor, dann gibt es genau eine Möbiustransformation f mit $f(P_i) = Q_i$.

Beweis: Korrespondieren z_1, z_2, z_3 bzw. w_1, w_2, w_3 zu den Punkten P_i bzw. Q_i dann berechnet sich die Möbiustransformation aus der 6 - Punkteformel

$$\frac{(w - w_1)(w_2 - w_3)}{(w - w_3)(w_2 - w_1)} = \frac{(z - z_1)(z_2 - z_3)}{(z - z_3)(z_2 - z_1)}.$$

Hierbei ist für $z_i = \infty$ bzw. $w_j = \infty$ der Faktor der Form $\dfrac{u - z_i}{v - z_i}$ bzw. $\dfrac{u - w_j}{v - w_j}$ gleich 1 zu setzen.
Man verifiziert leicht durch Auflösen der Formel nach w, dass $w(z)$ eine Möbiustransformation mit den gewünschten Eigenschaften ist.
Ist $f(z) = \frac{az+b}{cz+d}$ irgendeine Möbiustransformation mit $w(z_i) = w_i$, dann ist mindestens einer der Koeffizienten a, b, c, d von 0 verschieden und kann durch Kürzen zu 1 gemacht werden. Die vorgegebenen drei Punktepaare bestimmen dann die restlichen Koeffizienten eindeutig. □

7.8 Einige Anwendungen der komplexen Analysis

Sei $G \subseteq \mathbb{R}^2$ und $f : G \longrightarrow \mathbb{R}$ zweimal stetig differenzierbar. Dann nennt man f harmonisch, wenn

$$f_{xx} + f_{yy} = 0.$$

(Diese Gleichung nennt man auch Laplacesche Differentialgleichung und schreibt dafür mit dem Laplace Operator $\Delta f = 0$, vgl. die Bemerkungen nach Satz 2.2.1).

Sei $g = (v_1, v_2)^\top$ ein ebenes stetig differenzierbares Vektorfeld mit $\text{rot} g = 0$, d.h. g ist wirbelfrei. Dann besitzt g in jedem einfach zusammenhängenden Teilgebiet von G eine Potentialfunktion f. Ist g zusätzlich quellenfrei, d.h. ist $\text{div} g = 0$, dann gilt $v_{1x} + v_{2y} = 0$. Daher gilt

$$f_{xx} + f_{yy} = v_{1x} + v_{2y} = 0,$$

also ist f harmonisch.

Ist $f(z)$ holomorph und $f(z) = u(x, y) + iv(x, y)$ die Zerlegung von f in Real- und Imaginärteil. Dann folgt aus den Cauchy - Riemannschen Differentialgleichungen, dass $u(x, y)$ und $v(x, y)$ harmonische Fuktionen sind; denn

$$(u_x)_x = (v_y)_x = (v_x)_y = (-u_y)_y.$$

Man beachte hierbei, dass aus der Holomorphie folgt, dass f beliebig oft differenzierbar ist. Daher ist insbesondere v zweimal stetig differenzierbar und es gilt $(v_y)_x = (v_x)_y$.

Es gilt jedoch auch die Umkehrung.

Satz 7.8.1: Sei $G \subseteq \mathbb{R}^2$ einfach zusammenhängend. Ist $u : G \longrightarrow \mathbb{R}$ harmonisch, dann gibt es eine holomorphe Funktion f mit Real- und Imaginärteilzerlegung

$$f = u + iv.$$

v nennt man dann *konjugiert harmonisch* zu u und f ein *komplexes Potential* von u.

Beweis: Da u harmonisch ist, gilt für das Vektorfeld

$$g = (-u_y, u_x)^\top,$$

dass $\mathrm{rot} g = -(-u_y)_y + (u_x)_x = 0$. Da G einfach zusammenhängend ist, besitzt somit g eine Potentialfunktion v mit $v_x = -u_y$ und $v_y = u_x$. Folglich gelten für u und v die Cauchy - Riemannschen Differentialgleichungen. Daher ist $f = u + iv$ holomorph. □

Physikalische Interpretationen.

a) Eine holomorphe Funktion interpretiert man als das komplexe Potential eines ebenen wirbel - und quellenfreien Strömungsfeldes.

   Mit $f = u + iv$ sind die Äquipotentiallinien durch $u(x, y) = c = \text{const.}$ gegeben. Holomorphe Funktionen sind winkeltreu, daher sind die Kurven $u(x, y) = c = \text{const.}$ und $v(x, y) = k = \text{const.}$ zueinander orthogonal (vgl. Beispiel c) nach Satz 7.7.1). $v(x, y) = k$ stellen die Stromlinien des Strömungsfeldes dar.

   Das Vektorfeld (u_x, u_y) stellt das Geschwindigkeitsfeld dar und hat die komplexe Darstellung $u_x + iu_y$. Mit den Cauchy-Riemannschen Differentialgleichungen folgt $u_x + iu_y = u_x - iv_x = \overline{f'(z)}$. Punkte mit $f'(z) = 0$ stellen somit Staustellen dar.

b) Genauso beschreibt ein komplexes Potential einen zeitunabhängigen Temperaturfluss.

   Die Äquipotentiallinien stellen hierbei die Isothermen dar, also Kurven gleicher Temperatur. Die Stromlinien sind hier die Kurven größten Temperaturgefälles.

c) Ein drittes physikalisches Gebiet, welches durch das komplexe Potential beschrieben wird, ist die Elektrostatik.

Satz 7.8.2: Auf dem einfach zusammenhängenden Gebiet $D^* \subseteq \mathbb{R}^2$ sei $g^* : D \longrightarrow \mathbb{R}$ eine harmonische Funktion. Annahme $f(z) = u + iv$ sei holomorph im einfach zusammenhängenden Gebiet D und es gelte $f(D) \subset D^*$. Dann ist die Komposition

$$g(x, y) := g^*(u(x, y), v(x, y))$$

harmonisch auf D.

Beweis: g^* ist harmonisch. Also gibt es nach Satz 7.8.1 eine harmonisch konjugierte Funktion h^* und eine holomorphe Funktion $f^* = g^* + ih^*$. Die Verkettung holomorpher Funktionen ist nach der Kettenregel holomorph. Somit ist $f^*(f) = g^*(u,v) + ih^*(u,v)$ holomorph und daher ist nach den Bemerkungen vor Satz 7.8.1. $g^*(u,v)$ harmonisch. □

Unter dem *Dirichlet-Problem* versteht man die folgende Fragestellung:

Gegeben sei ein Gebiet $G \subset \mathbb{R}^2$ mit stückweise regulärem Rand ∂G. Auf ∂G sei eine Funktion $u_0 : \partial G \longrightarrow \mathbb{R}$ definiert, die beschränkt ist und bis auf eine Nullmenge N stetig ist. Gesucht wird eine Funktion $u : G \cup \partial G \longrightarrow \mathbb{R}$ mit

(i) $u(x,y)$ stimmt auf ∂G mit u_0 überein.

(ii) In G gilt: $\Delta u = u_{xx} + u_{yy} = 0$. Insbesondere ist u in G zweimal stetig differenzierbar.

(iii) u ist beschränkt und stetig in $G \cup \partial G \setminus N$.

Aus Satz 7.8.2 resultiert hierzu die folgende Vorgangsweise: Kennt man die Lösung des Problems in einem schönen Gebiet, so versucht man das gegebene Gebiet bijektiv holomorph auf das schöne Gebiet abzubilden, löst dort das Dirichlet - Problem und transformiert die Lösung zurück.

Konkret kann dies z.B. so aussehen, dass man das Potential u zwischen zwei koaxialen Kreiszylindern kennt und das Potential zwischen zwei ineinander liegenden Kreiszylinder mit verschiedener aber paralleler Achse zu bestimmen hat. Da die (im Prinzip unendliche) zylindrische Ausdehnung in die dritte Dimension auf die Lösung keinen Einfluss hat, handelt es sich um ein ebenes Problem. Es ist dann das Ringgebiet zwischen zwei exzentrischen Kreisen A und I bijektiv holomorph abzubilden auf einen konzentrischen Kreisring. Dies läßt sich mit einer Möbiusabbildung durchführen.

Eine konkrete Betrachtung des Dirichlet - Problems am Kreis findet sich in Anhang C2.

Kapitel 8

Einführung in Wahrscheinlichkeit und Statistik

8.1 Wahrscheinlichkeitsräume

Unter einem *Wahrscheinlichkeitsraum* versteht man ein Tripel (Ω, E, p), welches folgendermaßen definiert ist.
Ω ist eine Menge, deren Elemente *Elementarereignisse* genannt werden. Ω kann man auffassen als die Menge aller Ergebnisse eines Zufallsexperiments und wird oft, wenn Statistik im Spiel ist, auch Stichprobenraum genannt.
E ist eine Teilmenge der Potenzmenge von Ω, d.h. E besteht aus Teilmengen von Ω. Die Elemente von E nennt man *Ereignisse*. Bezogen auf das Zufallsexperiment tritt ein Ereignis M ein, wenn das Experiment $\omega \in M$ ergibt.
p ist eine Abbildung von der Ereignismenge E nach $[0,1]$. Sie ordnet Ereignissen eine Wahrscheinlichkeit für ihr Eintreten zu.
Damit (Ω, E, p) einen Wahrscheinlichkeitsraum bildet, müssen folgende Bedingungen erfüllt sein.

(i) $\Omega \in E$ mit $p(\Omega) = 1$. Dies bedeutet, dass Ω das sichere Ereignis ist.

(ii) Ist $M \in E$, dann ist auch $E \setminus M \in E$. Es gilt $p(M) + p(E \setminus M) = 1$, d.h. es tritt entweder das Ereignis M oder das Ereignis $E \setminus M$ ein. Insbesondere ist daher $\emptyset \in E$ mit $p(\emptyset) = 0$.

(iii) Sind $M, N \in E$, dann ist auch $M \cap N \in E$ und $M \cup N \in E$. Es gilt:

$$p(M \cup N) = p(M) + p(N) - p(M \cap N).$$

(iv) Sind $M_i \in E, i \in \mathbb{N}$, dann ist auch $\bigcup_{i\in\mathbb{N}} M_i \in E$ und , falls $M_i \cap M_j = \emptyset$ für $i \neq j$, dann gilt $p(\bigcup_{i\in\mathbb{N}} M_i) = \sum_{i\in\mathbb{N}} p(M_i)$.

Bemerkungen: Statt Wahrscheinlichkeitsraum wird im folgenden oft kurz W-Raum geschrieben.
In (iii) würde es wegen der de Morganschen Gesetzen und (ii) genügen nur zu fordern, dass $M \cap N \in E$ oder $M \cup N \in E$ ist.

Beispiel: Sei $\Omega = \{1, 2, 3, 4, 5, 6\}$, ferner sei E die Potenzmenge von Ω und p ordne jeder Ziffer aus Ω den Wert $\frac{1}{6}$ zu. Dann ist (Ω, E, p) ein W-Raum, der den einmaligen Wurf mit einem nicht gezinkten Würfel modelliert. Die Menge $M = \{1, 3, 5\}$ stellt dann das Ereignis, dass eine ungerade Zahl geworfen wird, dar. Es ist $p(M) = \frac{1}{2}$. $N_1 = \{3, 6\}$ beschreibt, dass eine durch 3 teilbare Zahl und $N_2 = \{2, 4, 6\}$, dass eine durch 2 teilbare Zahl gewürfelt wird. Es gilt dann

$$p(N_1 \cup N_2) = p(N_1) + p(N_2) - p(N_1 \cap N_2) = \frac{1}{2} + \frac{1}{3} - \frac{1}{6} = \frac{2}{3}.$$

Einelementige Teilmengen sind, wie in obigem Beispiel, häufig Elemente des Ereignisraums E. Man kann sie dann mit den Elementen von Ω identifizieren. Dies rechtfertigt den Namen Elementarereignis. Per definitionem muss dies jedoch nicht der Fall sein. E könnte allein aus der leeren Menge und Ω bestehen. Praktischer Hintergrund ist, dass man Ereignissen nur dann via p eine Wahrscheinlichkeit zuordnen kann, wenn sie messbar sind. Man sagt auch, dass E die messbaren Ereignisse definiert und Elementarereignisse eben nicht immer messbar sind. Dies ist insbesondere dann von Bedeutung, wenn Ω aus unendlich vielen Elementen besteht.

Sei $W = (\Omega, E, p)$ ein W-Raum. Unter der *bedingten Wahrscheinlichkeit* eines Ereignisses $M \in E$ in Bezug zu einem Ereignis $N \in E$ versteht man

$$p(M|N) := \frac{p(M \cap N)}{p(N)}.$$

Die bedingte Wahrscheinlichkeit beschreibt die Wahrscheinlichkeit, dass das Ereignis M eintritt, unter der Voraussetzung, dass auch N eintritt ($p(N) \neq 0$ wird hierbei vorausgesetzt).

Ereignisse M und N nennt man voneinander unabhängig, wenn

$$p(M \cap N) = p(M) \cdot p(N) \quad ;$$

denn sind M und N voneinander unabhängig, dann ist $p(M|N) = p(M)$ und $p(N|M) = p(N)$.

Bemerkungen:

a) $A \in E$ und Ω sind voneinander unabhängig, ebenso $A \in E$ und $\emptyset$. A und $\overline{A} := \Omega \setminus A$ sind für $1 > p(A) > 0$ nicht voneinander unabhängig, denn $p(A \cap \overline{A}) = 0$ während $p(A) \cdot (1 - p(A)) \neq 0$ ist.

b) Für $p(N) > 0$ sind M und N dann und nur dann unabhängig, wenn $p(M|N) = p(M)$.

Satz 8.1.1 (Totale Wahrscheinlichkeit) Sei (Ω, E, p) ein W-Raum. Seien $N_1, \ldots, N_k \in E$ paarweise disjunkt mit $p(N_i) \neq 0$ und sei $M \in E$ mit $M \subset \bigcup_{i=1}^k N_i$. Dann gilt

$$p(M) = \sum_{i=1}^{k} p(N_i)p(M|N_i) \; .$$

Beweis: $\sum_{i=1}^k p(N_i)p(M|N_i) = \sum_{i=1}^k p(M \cap N_i)$. Da nach Voraussetzung $M \subset \bigcup_{i=1}^k N_i$, folgt $M = \bigcup_{i=1}^k M \cap N_i$ also $p(M) = \bigcup_{i=1}^k p(M \cap N_i)$. □

Aus Satz 8.1.1 folgt unmittelbar

Satz 8.1.2 (Satz von Bayes) Sei (Ω, E, p) ein W-Raum. Seien $N_1, \ldots, N_k \in E$ paarweise disjunkt mit $p(N_i) \neq 0$ und sei $M \in E$ mit $M \subset \bigcup_{i=1}^k N_i$ und $p(M) \neq 0$. Dann gilt für alle $1 \leq j \leq k$

$$p(N_j|M) = \frac{p(N_j)p(M|N_j)}{\sum_{i=1}^k p(N_i)p(M|N_i)} \; .$$

Ist die Menge Ω der Elementarereignisse eines Wahrscheinlichkeitsraumes endlich, dann ist nahe liegend die Wahrscheinlichkeitsfunktion p so zu definieren, dass sie jedem Elementarereignis denselben Wert zuweist, so wie in obigem Beispiel des Würfels. Man spricht dann von einem *Laplaceschen Wahrscheinlichkeitsraum.*
Es ist aber keineswegs klar, dass so ein Laplacescher W-Raum das richtige Modell darstellt. Beipielsweise, wenn wir uns der Fußballbundesliga zuwenden und untersuchen wollen, wie wahrscheinlich der Spruch „entweder der VFB gewinnt oder er spielt unentschieden “ist, dann stellt sich als erstes die Frage, ob die Elementarereignisse, der VFB gewinnt, der VFB spielt unentschieden, der VFB verliert, in Wirklichkeit gleich wahrscheinlich sind. Für einen eingefleischten Stuttgarter VFB-Fans wäre a priori völlig klar, dass die Wahrscheinlichkeit, dass der VFB verliert weit unter $\frac{1}{3}$ anzusetzen wäre...

Ist Ω diskret, d.h. endlich oder abzählbar unendlich, und ist jedem Elementarereignis eine Wahrscheinlichkeit zugeordnet, dann berechnet sich die Wahrscheinlichkeit eines einzelnen Ereignisses M einfach als Summe

$$p(M) = \sum_{\omega \in M} p(\{\omega\}).$$

Handelt es sich um einen Laplaceschen W-Raum, dann berechnet sich die Wahrscheinlichkeit, dass ein gewisses Ereignis M eintritt nach der klassischen Formel

$$\frac{\text{Anzahl der günstigen Fälle}}{\text{Anzahl der möglichen Fälle}} .$$

Beispiel: Unter dem klassischen Bernoulli - Experiment versteht man das Werfen einer Münze. a = Kopf oder b = Zahl führt zu $\Omega = \{a, b\}$ mit Wahrscheinlichkeiten $p(a) = p(b) = \frac{1}{2}$.
Wiederholt man das Experiment n - mal, vergrößert sich der Ereignisraum zu $\Omega = [a, b]^n$. Elemente von Ω sind dann n - Tupel mit Einträgen a oder b. Ist etwa $n = 3$ dann liegen $2^3 = 8$ Elementareignisse vor, jedes mit Wahrscheinlichkeit $\frac{1}{8}$. Das Ereignis, dass bei drei Würfen genau zweimal Kopf geworfen wurde, besteht dann aus den 3-Tupeln $(a, a, b), (a, b, a), (b, a, a)$ und besitzt die Wahrscheinlichkeit $\frac{3}{8}$.

Die Anzahl der n - Tupel, in denen genau k - mal a vorkommt, entspricht genau der Anzahl der Summanden von $(a + b)^n$ der Form $a^k \cdot b^{n-k}$, die man erhält, wenn man den Ausdruck ausmultipliziert. Nach dem binomischen Lehrsatz ist

$$(a + b)^n = \sum_{k=0}^{n} \binom{n}{k} a^k b^{n-k}.$$

Somit ist die Wahrscheinlichkeit, dass bei n - maligem Werfen einer Münze genau k - mal Kopf geworfen wird gerade

$$\binom{n}{k} \cdot \frac{1}{2^n}.$$

Gleichzeitig sieht man auch, dass der Binomialkoeffizient $\binom{n}{k}$ mit der Anzahl der k - elementigen Teilmengen einer Menge mit n Elementen übereinstimmt.

Nimmt man an, dass $p(a) = q$ und $p(b) = 1 - q$ ist (es handelt sich dann für $q \neq \frac{1}{2}$ nicht mehr um einen Laplaceschen W-Raum - man spricht aber immer noch von einem Bernoulli - Experiment), so erhält man für die Wahrscheinlichkeit, dass bei n - maligem Experiment genau k - mal a eintritt,

$$\binom{n}{k} \cdot q^k \cdot (1 - q)^{n-k}.$$

Man kann dies z.B. bei der Qualitätskontrolle von Waren anwenden, wenn bei n Lieferungen das Elementarereignis a die Lieferung von Ausschussware bedeutet und q dann natürlich wesentlich kleiner als $1 - q$ sein sollte.

8.2 Zufallsvariable und Verteilungen

Sei weiter $W = (\Omega, E, p)$ ein Wahrscheinlichkeitsraum. Unter einer *Zufallsvariablen* X von W versteht man eine Funktion $X : \Omega \longrightarrow \mathbb{R}, t \mapsto X(t)$, für die $\{\omega \in \Omega; X(\omega) \leq t\}$ für alle $t \in \mathbb{R}$ ein Ereignis ist (man spricht auch von einem messbaren Ereignis). Man kann dann die von $t \in \mathbb{R}$ abhängigen Ereignisse $\{\omega \in \Omega; X(\omega) \leq t\}$ betrachten. Eine Zufallsvariable nennt man diskret, wenn sie höchstens abzählbar viele Werte annimmt.

Die Funktion

$$F : \mathbb{R} \longrightarrow [0,1] \; ; \; t \; \mapsto \; p(\{\omega \in \Omega; X(\omega) \leq t\})$$

nennt man die *Verteilungsfunktion* von X.

Es ist üblich mit $X = t_i$ die Menge $\{\omega \in \Omega; X(\omega) = t_i\}$ abzukürzen bzw. mit $X \leq t_i$ die Menge $\{\omega \in \Omega; X(\omega) \leq t_i\}$. Beachte $X \leq t_i$ ist nach Definition einer Zufallsvariablen stets ein Ereignis. $X = t_i$ ist ein Ereignis, wenn X diskret ist und jedes Elementarereignis eine Wahrscheinlichkeit besitzt. Analog verwendet man auch die Schreibweisen $t_1 \leq X \leq t_2$ und $|X| \leq t_0$.

Ist X eine diskrete Zufallsvariable mit Werten $\{t_i\}$, dann setzt man $p_i := p(X = t_i)$ und nennt die Funktion

$$f_X(x) : \mathbb{R} \longrightarrow [0,1], x \mapsto \begin{cases} p_i & \text{wenn } x = t_i \\ 0 & \text{sonst} \end{cases}.$$

Wahrscheinlichkeitsfunktion von X. Im diskreten Fall bestimmen sich f_X und Verteilungsfunktion F gegenseitig und es genügt die p_i anzugeben. Die Verteilung einer diskreten Zufallsvariablen gibt man daher vereinfacht durch ihre Wahrscheinlichkeitsfunktion an. Wenn klar ist, um welche Zufallsvariable es sich handelt, schreiben wir einfach f für f_X.

Beispiele wichtiger diskreter Verteilungen :

- **Binomialverteilung** B(n,p). Diese Verteilung entsteht durch n - malige Wiederholung eines Bernoulli - Experiments. Man ist daran interessiert, wie oft ein gewisses Ereignis A (z.B. Kopf beim Münzwurf) in unabhängigen Versuchen vorkommt. Die Zufallsvariable lässt sich dann beschreiben als

  $$X = \text{ Anzahl, wie oft } A \text{ in } n \text{ Versuchen vorkommt.}$$

  X kann also die Werte $0, 1, \ldots, n$ annehmen. Tritt A in einem Versuch mit Wahrscheinlichkeit p auf, dann hat $X = k$ die Wahrscheinlichkeit $\binom{n}{k} p^k (1-p)^{n-k}$, vgl. das Beispiel im Abschnitt 8.2. Man kann etwas präziser die Binomialverteilung B(n,p) definieren als jene diskrete Verteilung, die die Wahrscheinlichkeitsfunktion

  $$f(x) = \binom{n}{x} p^x (1-p)^{n-x} \quad x \in \{0, \ldots, n\}$$

besitzt. Ihre Verteilungsfunktion besitzt dann $\sum_{k=0}^{j} \binom{n}{k} p^k (1-p)^{n-k}$, also Teilsummen von

$$1 = (p + (1-p))^n = \sum_{k=0}^{n} \binom{n}{k} p^k (1-p)^{n-k}.$$

als Werte. Dies erklärt auch den Namen Binomialverteilung.

- Die **Poissonverteilung** $P(\lambda)$ ist jene Verteilung mit der Wahrscheinlichkeitsfunktion

$$p(\{n\}) = e^{-\lambda} \cdot \frac{\lambda^n}{n!} \text{ mit } n \in \mathbb{N}_0.$$

Sie findet z.B. Anwendung, wenn man sich für die Anzahl von Zerfällen eines radioaktiven Stoffes pro Zeiteinheit interessiert. λ ist dann die durchschnittliche Anzahl von Zerfällen pro Zeiteinheit.

- Die **hypergeometrische Verteilung** beschreibt das Urnenmodell ohne Zurücklegen. Etwas allgemeiner ausgedrückt werden einer Menge M mit m Elementen, von denen genau a Elemente eine Eigenschaft A besitzen, also die anderen $m-a$ Elemente nicht, n Elemente entnommen und die Wahrscheinlichkeit beschrieben, dass genau k dieser n Elemente die Eigenschaft A besitzen. Eine zugehörige Zufallsvariable besitzt daher sinnvollerweise die Wertemenge $W = \{0, 1, \ldots, n\}$ an. Die Wahrscheinlichkeitsfunktion für $k \in W$ ist gegeben durch

$$p(X = k) = \frac{\binom{a}{k} \cdot \binom{m-a}{n-k}}{\binom{m}{n}}.$$

Dies folgt leicht aus den Eigenschaften der Binomialkoeffizienten. $\binom{N}{n}$ gibt die Anzahl der Teilmengen von M an, die n Elemente besitzen, $\binom{m}{k}$ ist die Anzahl von k - elementigen Teilmenge aus jener Teilmenge T von M, die aus den Elementen besteht, die die Eigenschaft A besitzen und $\binom{m-a}{n-k}$ ist die Anzahl der (n-k) - elementigen Teilmengen von $M \setminus T$. Das Produkt im Zähler der Wahrscheinlichkeitsfunktion beschreibt also genau die Anzahl der n - elementigen Teilmengen von M, die genau k Elemente mit Eigenschaft A besitzen.
Die Verteilungsfunktion ergibt sich dann aus der Wahrscheinlichkeitsfunktion durch Addition, d.h.

$$p(X \leq k) = \sum_{i=0}^{k} \frac{\binom{a}{i} \cdot \binom{m-a}{n-i}}{\binom{m}{n}}.$$

Im Urnenmodell ist M die Menge der Kugeln in der Urne, a die Anzahl der Kugeln die eine bestimmte Farbe, etwa blau, besitzen und $m-a$ die Anzahl der Kugeln , die eine andere Farbe besitzen. n Kugeln werden dann gleichzeitig (oder nacheinander ohne Zurcklegen) aus der Urne gezogen. und $P(X = k)$ gibt die Wahrscheinlichkeit an, dass genau k Kugeln dieser n blau sind.
Typisches Beispiel fr dieses Urnenmodell ist die Lottoziehung 6 aus 49. Die auf dem

Lottoschein angekreuzten Ziffern darf man sich dann als „blaue "Kugeln vorstellen und die Wahrscheinlichkeit, dass davon k gezogen werden berechnet sich zu

$$p(X = k) = \frac{\binom{6}{k} \cdot \binom{43}{6-k}}{\binom{49}{6}}.$$

Man beachte, dass es nicht darauf ankommt, in welcher Reihenfolge die Kugeln gezogen worden sind.

Im Gegensatz zur hypergeometrischen Verteilung werden beim Urnenmodell, welches die Binomialverteilung beschreibt, die Kugeln nacheinander mit Zurücklegen gezogen. Wie die Binomialverteilung so eignet sich auch die hypergeometrische Verteilung zur Qualitätskontrolle einer Lieferung von Waren.

Beispiel: Aus einer Schachtel mit 10 Glühbirnen, von denen 3 defekt sind, sollen zwei Glühbirnen zufällig (ohne Zurücklegen) ausgewählt werden. Man beschreibe die Wahrscheinlichkeitsfunktion der Zufallsvariablen X, die die Anzahl der defekten Glühbirnen dieser Stichprobe angibt. X is hypergeometrisch verteilt und als Wahrscheinlichkeitsfunktion ergibt sich somit

$$p(X = k) = \frac{\binom{3}{k} \cdot \binom{7}{2-k}}{\binom{10}{2}}.$$

Würde man die gleiche Stichprobe mit Zurücklegen durchführen, so ist X binomial verteilt und als Wahrscheinlichkeitsfunktion ergibt sich

$$p(X = k) = \binom{2}{k} p^k (1-p)^{2-k}$$

mit $p = 0,3$. Vergleicht man die Ergebnisse für den Fall $k = 1$, also für die Wahrscheinlichkeit, dass genau eine der zwei gezogenen Glühbirnen defekt ist, so ergibt sich im hypergeometrischen Fall $p(X = 1) = \frac{21}{45} \sim 0,47$, während sich im binomialen Fall $p(X = 1) = 2 \cdot 0,3 \cdot 0,7 = 0,42$ ergibt.
Wenn die Parameter m, a und $m - a$ im Verhältnis zu n groß sind, dann spielt es offensichtlich kaum eine Rolle, ob zurückgelegt wird. In diesem Fall kann man die hypergeometrische Verteilung mit der Binomialverteilung approximieren.

Satz 8.2.1: Für die Verteilungsfunktion F einer Zufallsvariablen gilt

(i) $x \leq y \Longrightarrow F(x) \leq F(y)$

(ii) $lim_{x \longrightarrow -\infty} F(x) = 0$ und $lim_{x \longrightarrow \infty} F(x) = 1$

(iii) F ist rechtsseitig stetig.

Falls es eine integrierbare Funktion $f : \mathbb{R} \longrightarrow [0, \infty)$ gibt mit

$$F(t) = \int_{-\infty}^{t} f(x)dx$$

dann nennt man f die *Dichte* von X. Zufallsvariable, die eine Dichte besitzen, nennt man *stetig*. Die Verteilungsfunktion F ist eindeutig durch eine Dichte bestimmt und zur Angabe von F genügt daher die Angabe einer Dichte. Die Dichte spielt bei stetigen Zufallsvariablen jene Rolle, die die Wahrscheinlichkeitsfunktion bei diskreten Zufallsvariablen einnimmt.

Satz 8.2.2. Falls die stetige Verteilungsfunktion F einer Zufallsvariablen bis auf endlich viele Stellen stetig differenzierbar ist, so ist X stetig mit der Dichte

$$f(x) = F'(x).$$

Beweis: Dies folgt unmittelbar aus dem Hauptsatz der Differential- und Integralrechung. □

Wichtigstes Beispiel einer stetigen Verteilung. Unter der *Normalverteilung* $N(\mu, \sigma^2)$ versteht man jene Verteilung, die die Dichte

$$f(x) = \frac{1}{\sigma\sqrt{2\pi}} \cdot e^{-\frac{(x-\mu)^2}{2\sigma^2}} \text{ für } \sigma > 0$$

besitzt.

Die Parameter μ und σ werden sich im Abschnitt 8.3 erklären. $N(0, 1)$ nennt man die *Standardnormalverteilung*. Die Dichte der Standardnormalverteilung wird in der Regel mit φ bezeichnet.

Der Graph von $f(x)$ ist symmetrisch zu $x = \mu$ und hat die Gestalt einer Glockenkurve, oft als Gaußsche Glockenkurve bezeichnet. Damit f bzw. φ als Dichte der Verteilungsfunktion einer Zufalllsvariablen dienen können, muss gelten

$$\frac{1}{\sqrt{2\pi}} \int_{-\infty}^{\infty} e^{-\frac{x^2}{2}} dx \; = \; 1.$$

Dies folgt aus der im Beispiel b) nach Satz 5.8.2 dargelegten Rechnung.

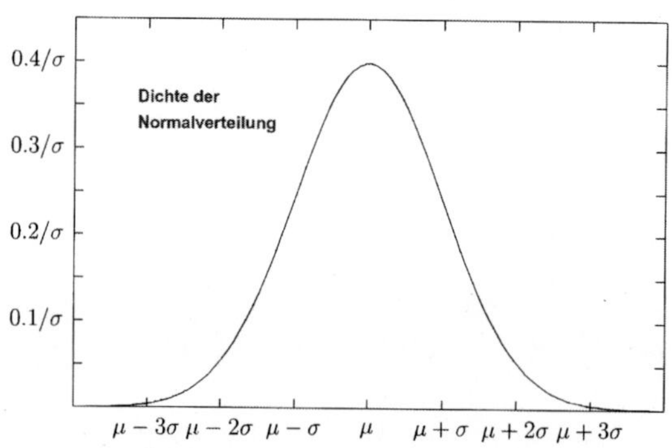

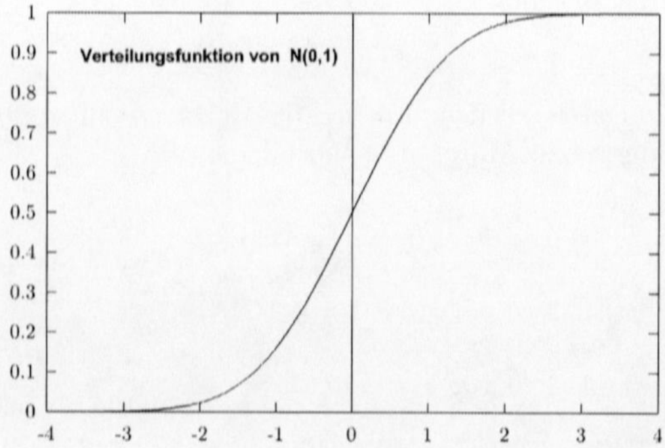

Eine leichte Integration mit Substitution zeigt:

Lemma 8.2.3 Die Verteilungsfunktion $F(x)$ der Normalverteilung $N(\mu, \sigma)$ und jene der Standardnormalverteilung, die man üblicherweise mit $\Phi(x)$ bezeichnet, hängen folgendermaßen zusammen

$$F(x) = \Phi(\frac{x-\mu}{\sigma}).$$

Weiteres Beispiel einer stetigen Verteilung ist die *Exponentialverteilung.* Diese ist definiert als jene Verteilung mit der Verteilungsfunktion

$$F(x) = \begin{cases} 1 - e^{-\alpha x} & \text{für } x \geq 0 \\ 0 & \text{sonst} \end{cases} .$$

Durch Differenzieren sieht man, dass ihre Dichte durch

$$f(x) = \begin{cases} \alpha e^{-\alpha x} & \text{für } x \geq 0 \\ 0 & \text{sonst} \end{cases}$$

gegeben ist.

8.3 Erwartungswert und Varianz

Die durchschnittliche Größe einer Menge von Datenwerten $\{x_1, \ldots, x_n\}$, z.B. einer Menge von Noten einer Klausur, wird in der Regel mit ihrem arithmetischen Durchschnitt

$$\overline{x} := \frac{1}{n} \cdot (x_1 + x_2 + \ldots + x_n).$$

gemessen. Wie weit die Daten streuen, d.h. von ihrem Durchschnitt abweichen, wird durch die Standardabweichung s bzw. durch ihre Varianz

$$s^2 := \frac{1}{n-1} \sum_{i=1}^{n} (\overline{x} - x_i)^2$$

angegeben. Analog geht man bei Zufallsvariablen vor. An Stelle des arithmetischen Durchschnitts tritt der Erwartungswert. Der *Erwartungswert* $\mu = \mu(X)$ einer Zufallsvariablen X ist im Falle einer diskreten Verteilung mit Wahrscheinlichkeitsfunktion f definiert als

$$\mu = \sum_j x_j f(x_j) \quad ,$$

im Falle einer stetigen Verteilung als

$$\mu = \int_{-\infty}^{\infty} x f(x) dx \quad ,$$

wobei im Falle der stetigen Verteilung f die Dichtefunktion ist.

Unter der *Varianz* $\sigma^2 = \sigma^2(X)$ einer Zufallsvariablen X versteht man bei diskreter Verteilung die mittlere quadratische Abweichung

$$\sigma^2 = \sum_j (x_j - \mu)^2 f(x_j) \quad ,$$

bei stetiger Verteilung

$$\sigma^2 = \int_{-\infty}^{\infty} (x - \mu)^2 f(x) dx \quad .$$

σ, die positive Quadratwurzel der Varianz, nennt man die *Standardabweichung* von X und ihrer Verteilung.

In obigen Definitionen wird jeweils die Existenz der Summen bzw. der Integrale vorausgesetzt. Statt μ schreibt man häufig auch $E(X)$. Es ist $\sigma^2 > 0$ (ausgenommen der Fall einer diskreten Verteilung mit einem einzigen Wert).

Beispiel: Die Zufallsvariable X = Anzahl von Köpfen in einem Wurf einer nicht gezinkten Münze hat die Werte $x_0 = 0$ und $x_1 = 1$ mit Wahrscheinlichkeiten $p(X = 0) = p(X = 1) = \frac{1}{2}$. Es gilt dann

$$\mu = E(X) = 0 \cdot \frac{1}{2} + 1 \cdot \frac{1}{2} = \frac{1}{2}$$

und

$$\sigma^2 = (0 - \frac{1}{2})^2 \cdot \frac{1}{2} + (1 - \frac{1}{2})^2 \cdot \frac{1}{2} = \frac{1}{4}.$$

Satz 8.3.1. Transformiert man eine Zufallsvariable durch $X^* = a_1 + a_2 X$ mit $a_i \in \mathbb{R}, a_2 > 0$, dann hat die Zufallsvariable X^* den Erwartungswert

$$\mu^* = E(X^*) = a_1 + a_2 \mu$$

bzw. die Varianz

$$(\sigma^*)^2 = a_2^2 \sigma^2.$$

Die Zufallsvariable $X^* = \frac{X-\mu}{\sigma}$ hat nach Satz 8.3.1. somit den Erwartungswert 0 und die Varianz 1. Man nennt X^*, oft auch mit Z bezeichnet, die standardisierte Zufallsvariable. Etwas allgemeiner als in Satz 8.3.1. kann man Zufallsvariable X mittels einer beliebigen stetigen Funktion g zu einer Zufallsvariablen $g(X)$ transformieren. Für den Erwartungswert gilt dann

$$\mu(g(X)) = \sum_j g(x_j) f(x_j) \text{ bzw. } \mu(g(X)) = \int_{-\infty}^{\infty} g(x) f(x) dx \; .$$

Zufallsvariable sind reellwertige Funktionen und können daher addiert und skalar multipliziert werden. Erwartungswert und Varianz verhalten sich hierbei folgendermaßen.

Satz 8.3.2. Sind X und Y Zufallsvariable, dann gelten bezüglich Erwartungswert und Varianz die folgenden Rechenregeln:

(i) $\mu(\alpha X + \beta Y) = \alpha\, \mu(X) + \beta\, \mu(Y)$ für $\alpha, \beta \in \mathbb{R}$.

(ii) $\sigma^2(X) = \mu(X^2) - (\mu(X))^2$.

(iii) $\sigma^2(\alpha X) = \alpha^2 \sigma^2(X)$.

Beweis von (ii): Mit $g(X) = X^2$ folgt nach obiger Formel

$$\mu(X - \mu(X))^2 = \int_{-\infty}^{\infty} (x - \mu(X))^2 f(x) dx = \sigma^2(X).$$

Aus (i) und Satz 8.3.1. ergibt sich dann

$$\begin{aligned}\sigma^2(X) &= \mu(X^2 - 2\mu(X)X + \mu(X)^2) = \mu(X^2) - \mu(2\mu(X)X + \mu(X)^2) \\ &= \mu(X^2) - 2\mu(X)\mu(X)) + \mu(X)^2 = \mu(X^2) - \mu(X)^2.\end{aligned}$$

Bemerkung: Häufig definiert man die Varianz einer Zufallsvariablen durch

$$\sigma^2(X) := \mu(X - \mu(X))^2.$$

Diese Definition verwendet dann nur den Erwartungswert und nicht die Dichte.

Für die im Abschnitt 8.2 betrachteten Verteilungen ergeben sich folgende Erwartungswerte und Varianzen.

Binomialverteilung $B(n, p)$:

$$\mu = n \cdot p \text{ und } \sigma^2 = n \cdot p \cdot (1 - p)$$

Poissonverteilung $P(\lambda)$:

$$\mu = \lambda \text{ und } \sigma^2 = \mu.$$

Hypergeometrische Verteilung $H(m, a, n)$:

$$\mu = n \cdot \frac{a}{m} \quad \sigma^2 = \mu \cdot (1 - \frac{a}{m}) \cdot (\frac{m - n}{m - 1}).$$

Die Poissonverteilung entsteht aus der Binomialverteilung, indem man p gegen 0 gehen lässt und n gegen ∞ so dass der Erwartungswert $\mu = np$ einen endlichen Grenzwert besitzt - oft indem man $\mu = np$ konstant belässt.
Ist bei einer Binomialverteilung $B(n, p)$ die Zahl n groß (Faustregel: $n \geq 100$ und p klein (Faustregel: $p \leq 0,1$), dann kann man die Wahrscheinlichkeit, dass die Zufallsvariable den Wert k annimmt, näherungsweise mit der Poissonverteilung $P(\lambda)$ mit $\lambda = \mu = n \cdot p$ berechnen. Die Poissonverteilung nennt man auch die Verteilung der seltenen Ereignisse.

Beispiel: Die Wahrscheinlichkeit für die Produktion fehlerhafter Handys betrage $p = 0,002$. Gesucht sei die Wahrscheinlichkeit P, dass eine Lieferung von 500 Handys mehr als 2 defekte Geräte enthält. Komplimentär kann man dazu die Wahrscheinlichkeit, dass nicht mehr als zwei defekte Geräte geliefert werden, bestimmen. Die Binomialverteilung ergibt hierzu mit $\mu = 1$

$$1 - P = \binom{500}{0} 0,998^{500} + \binom{500}{1} 0,002 \cdot 0,998^{499} + \binom{500}{2} 0,002^2 \cdot 0,998^{498}.$$

Bei den Handys ergibt sich mit Poissonannäherung für $\mu = \lambda = 1$:

$$1 - P \sim e^{-1} \cdot (1 + 1 + \frac{1}{2}) \sim 0,92.$$

Wie man „leicht “überprüft, ist dies eine gute Näherung.

Normalverteilung $N(\mu, \sigma)$:

Varianz und Erwartungswert der Normalverteilung $N = N(\mu, \sigma)$ lassen sich durch Symmetrieüberlegung bzw. Integration bestimmen. μ ergibt sich als Erwartungswert, denn $f(x)$ ist symmetrisch zu $x = \mu$. Rechnerisch, also durch Integration, ergibt sich die Varianz σ^2 folgendermaßen. Nach Definition der Varianz gilt:

$$\sigma^2(N) = \int_{-\infty}^{\infty} (x - \mu)^2 \cdot \frac{1}{\sigma\sqrt{2\pi}} \cdot e^{-\frac{(x-\mu)^2}{2\sigma^2}} dx.$$

Mit der Substitution $u = \frac{x-\mu}{\sigma}$ lässt sich dies umformen in

$$\int_{-\infty}^{\infty} (\sigma u)^2 \cdot \frac{1}{\sqrt{2\pi}} \cdot e^{-\frac{u^2}{2}} du.$$

Mit partieller Integration sieht man

$$\int u \cdot u \cdot e^{-\frac{u^2}{2}} du = u \cdot (-e^{-\frac{u^2}{2}}) + \int e^{-\frac{u^2}{2}} du.$$

Hieraus ergibt sich (vgl. Beispiel b) nach 5.8.2)

$$\int_{-\infty}^{\infty} u \cdot u \cdot e^{-\frac{u^2}{2}} du = \int_{-\infty}^{\infty} e^{-\frac{u^2}{2}} du = \sqrt{2\pi}.$$

Insgesamt folgt somit

$$\sigma^2(N) = \sigma^2 \cdot \frac{1}{\sqrt{2\pi}} \cdot \sqrt{2\pi} = \sigma^2.$$

Dies erklärt die Bezeichnung der Parameter von $N(\mu, \sigma)$ in Abschnitt 8.2.
Man beachte, dass in einigen Büchern die Normalverteilung mit $N(\mu, \sigma^2)$ abgekürzt wird. Wenn für Varianz oder Standardabweichung konkrete Zahlen eingesetzt werden, kann dies zu Verwechslungen führen. Hier ist also Vorsicht angebracht.
Die Transformation $X^* = \frac{X-\mu}{\sigma}$ überführt die Normalverteilung $N(\mu, \sigma)$ in die Standardnormalverteilung. Satz 8.3.1 ergibt

$$\mu^* = \frac{\mu}{\sigma} - \frac{\mu}{\sigma} = 0$$

und

$$(\sigma^*)^2 = \frac{1}{\sigma^2} \cdot \sigma^2 = 1.$$

Die Verteilungsfunktion der Standardnormalverteilung

$$\Phi(x) = p(X^* \leq x) = \frac{1}{\sqrt{2\pi}} \int_{-\infty}^{x} e^{-\frac{t^2}{2}} dt$$

lässt sich nicht durch elementare Integration bestimmen. Sie lässt sich aber sehr gut numerisch approximieren und (wie beispielsweise die Exponentialfunktion) tabellieren.

Es gilt wegen der Symmetrie der Glockenkurve

$$\Phi(-x) = 1 - \Phi(x) \ .$$

Deswegen muss Φ nur für $x \geq 0$ tabelliert werden. Wegen Lemma 8.2.3 kann man die Verteilungsfunktion F einer beliebigen Normalverteilung $N(\mu, \sigma)$ aus jener der Standardnormalverteilung berechnen.

Beispiel: Sei X eine normal verteilte Zufallsvariable mit $\mu = 5$ und $\sigma = 0,1$. Dann gilt

$$F(X \leq k) = 0,95 = \Phi(\frac{k-\mu}{\sigma} = \Phi(\frac{k-5}{0,1}).$$

Aus der Tabellierung ergibt sich dann $\frac{k-5}{0,1} = 1,645$ also $k = 5,1645$.

Die Binomialverteilung mit ihrer Wahrscheinlichkeitsfunktion

$$f(x) = \binom{n}{x} p^x (1-p)^{n-x} \text{ mit } x = 0, 1, \dots, n$$

lässt sich für große n schlecht berechnen, vgl. auch obiges Beispiel, in dem die Poissonverteilung als Approximation verwendet wurde. Für die Praxis von größter Bedeutung ist jedoch die Approximation der Binomialverteilung durch die Normalverteilung.

Satz 8.3.3. (Grenzwertsatz von de Moivre und Laplace) Für große n verhält sich die Wahrscheinlichkeitsfunktion $f(x)$ der Binomialverteilung $B(n,p)$ ungefähr wie die Funktion

$$f^*(x) = \frac{1}{\sqrt{2\pi} \cdot \sqrt{np(p-1)}} e^{\frac{-z^2}{2}}$$

mit $z = \frac{x-np}{\sqrt{np(p-1)}}$. f^* ist die Dichtefunktion der Normalverteilung $N(np, \sqrt{np(p-1)})$.

Ungefähr bedeutet hierbei, dass $\lim\limits_{n \longrightarrow \infty} \dfrac{f(x)}{f^*(x)} = 1$ ist. Ferner ist

$$p(a \leq X \leq b) \sim \Phi(\beta) - \Phi(\alpha) \text{ mit } \alpha = \frac{a - \frac{1}{2} - np}{\sqrt{np(p-1)}}, \ \beta = \frac{b + \frac{1}{2} - np}{\sqrt{np(p-1)}}.$$

Hierbei gilt die Faustregel von Laplace: Für $\sigma = \sqrt{np(p-1)} > 3$ ist die Approximation gut.

Um mit der folgenden Ungleichung eine Abschätzung anzugeben, müssen nur Varianz und Erwartungswert bekannt sein. Dies ist in vielen Anwendungen der Fall.

Satz 8.3.4. (Die Ungleichung von Tschebyscheff) Sei X eine Zufallsvariable mit $E(X) = \mu$ und Varianz σ^2. Für $c > 0$ gilt dann

$$p(|X - \mu| \geq c) \;\leq\; \frac{\sigma^2}{c^2}.$$

Zusatz: Es gilt auch, dass $p(X - \mu \geq \sigma \cdot c) \;\leq\; \dfrac{1}{1+c^2}$ bzw. $p(\mu - X \geq \sigma \cdot c) \;\leq\; \dfrac{1}{1+c^2}$.

Sind $X_1, \ldots, X_n$ unabhängige Zufallsvariablen, dann werden in Wahrscheinlichkeitstheorie und in der Statistik häufig Zufallsvariable Y betrachtet, die sich als Funktionen der X_i ergeben, also $Y = f(X_1, \ldots, X_n)$. Die Schwierigkeit besteht darin, die Verteilungsfunktion von Y aus jenen der X_i zu bestimmen.

Zufallsvariable X, Y, die die gleiche Verteilung haben, d.h. gleiche Verteilungsfunktionen besitzen, nennt man identisch verteilt. Im Fall, wenn $Y_n = \sum_{i=1}^{n} X_i$ mit identisch verteilten Zufallsvariablen X_i ist, ist die Situation am besten. Der folgende Satz besagt, dass Y_n dann asymptotisch normalverteilt ist und unterstreicht somit die Bedeutung der Normalverteilung.

Satz 8.3.5. (Zentraler Grenzwertsatz) Die Verteilungsfunktion einer Summe identisch verteilter Zufallsvariablen X_i, die Erwartungswert μ und Standardabweichung σ besitzen, konvergiert mit wachsendem n gegen eine Normalverteilung. Bezeichnet $Y_n^* = \dfrac{(Y_n - n\mu)}{\sqrt{n}\sigma}$ die Standardisierung von Y_n, dann gilt:
Für $n \longrightarrow \infty$ konvergiert die Verteilungsfunktion von Y_n^* punktweise gegen die Verteilungsfunktion $\Phi(x)$ der Standardnormalverteilung $N(0, 1)$.

Bemerkungen: Sind in Satz 8.3.5. alle X_i normalverteilt, dann ist auch ihre Summe normalverteilt (vgl. 8.5.1).
Sind alle X_i unabhängige Zufallsvariable eines Bernoulli - Experiments, dann ist ihre Summe binomialverteilt und man erhält als Spezialfall des zentralen Grenzwertsatzes den Grenzwertsatz von Moivre und Laplace.
Die Voraussetzung, dass die X_i identisch verteilt sind, kann abgeschwächt werden (Lindeberg - Bedingung).
Oft wird der **zentrale Grenzwertsatz** etwas ungenau wie folgt formuliert:
Seien $X_1, \ldots, X_n$ unabhängige Zufallsvariable und $Y = X_1 + \ldots + X_n$. Sei $\mu = \mu(Y)$ und $\sigma = \sigma(Y)$, dann gilt unter fast immer erfüllten Bedingungen (insbesondere für großes n):
$Z = \dfrac{Y - \mu}{\sigma}$ ist näherungsweise standardnormalverteilt.

Beispiele:

a) Für eine Nachklausur sind 5 Teilnehmer angemeldet. Jeder komme mit Wahrscheinlichkeit p = 0,8. Wie groß ist die Wahrscheinlichkeit, dass mindestens drei Teilnehmer tatsächlich erscheinen ?
Um die Tschebyscheffsche Ungleichung anwenden zu können sind lediglich Erwartungswert und Varianz zu bestimmen. Da die Zufallsvariable, die die Zahl der antretenden Teilnehmer angibt, binomial verteilt ist, ergibt sich $\mu = 4$ und $\sigma^2 = \mu \cdot (1 - 0,8) = 0,8$ bzw. $\sigma \sim 0,9$. Nach Satz 8.3.4 ergibt sich dann

$$p(|X - \mu| \geq 1,99) \leq \frac{0,8}{3,96} = 0,202.$$

Hieraus folgt, dass $p(3 \leq X \leq 5) > 0,798$ ist, also eine Wahrscheinlichkeit von ca. 80 % , dass 3 oder mehr Teilnehmer erscheinen.
Approximiert man die Lösung mit Hilfe des Satzes von Moivre und Laplace, so ergibt sich

$$p(3 \leq X \leq 5) \sim \Phi(\beta) - \Phi(\alpha)$$

mit $\beta = \frac{5+0,5-4}{0,9}, \alpha = \frac{3-0,5-4}{0,9}$. Aus der Tabellierung von Φ ergibt sich dann, dass $p(3 \leq X \leq 5) \sim \Phi(1,66) - \Phi(-1,66) \sim 0,9130$ ist.
Da die im Beispiel gewählten Zahlen recht klein sind, kann man die Binomialverteilung auch genau berechnen. Man erhält:

$$p(X = 5) = (0,8)^5, p(X = 4) = 5 \cdot (0,8)^4 \cdot 0,2, p(X = 3) = \binom{5}{2} \cdot (0,8)^3 \cdot (0,2)^2.$$

Wertet man dies aus, so ergibt sich schließlich, dass $p(3 \leq X \leq 5) = 0,94208$. Man sieht, dass die Abschätzung mittels Tschebyscheff noch recht grob war, während die Approximation durch die Normalverteilung schon recht gut ist.

b) Seien $X_1, \ldots, X_5$ Zufallsvariable, die die Augenzahl beim Würfeln mit 5 fairen voneinander unabhängigen Würfeln angeben. $Y = X_1 + \ldots + X_5$ gibt die Augensumme der 5 Würfel an. Man sieht leicht durch einfache Rechnung, dass

$$\mu(X_j) = 3,5 \quad \text{und} \quad \sigma^2(X_j) = \sum_{i=1}^{6} (i - \mu(X_j))^2 \cdot p(X_j = i) = \frac{35}{12}$$

Aus Satz 6.3.2 ergibt sich $\mu(Y) = \frac{35}{2}$. Bezüglich Erwartungswert und Varianz von unabhängigen Zufallsvariablen gilt

Lemma 8.3.6. Sind X_1 und X_2 unabhängige Zufallsvariable, dann gilt

(i) $\mu(X_1 \cdot X_2) = \mu(X_1) \cdot \mu(X_2)$.

(ii) $\sigma^2(X_1 + X_2) = \sigma^2(X_1) + \sigma^2(X_2)$.

Beweis von (ii): Aus Satz 8.3.2 (ii) folgt $\sigma^2(X_1+X_2) = \mu((X_1+X_2)^2 - (\mu(X_1+X_2))^2$. Die rechte Seite läßt sich nach der Linearität des Erwartungswerts umformen zu

$$\mu(X_1^2) + 2\mu(X_1 \cdot X_2) + \mu(X^2) - \mu(X_1)^2 - 2\mu(X_1)\cdot\mu(X_2) - \mu(X_2)^2.$$

Mit 8.3.6 (i) und erneut 8.3.2 (ii) folgt schließlich

$$\sigma^2(X_1+X_2) = \mu(X_1^2) + \mu(X^2) - \mu(X_1)^2 - \mu(X_2)^2 = \sigma^2(X_1) + \sigma^2(X_2).$$

Zurück zum Beispiel b): Aus Lemma 8.3.6 folgt, dass

$$\sigma^2(Y) = 5 \cdot \frac{35}{12} = \frac{175}{12} \sim 14,58, \quad \text{bzw.} \quad \sigma \sim 3,819.$$

Nach dem zentralen Grenzwertsatz kann man dann die Verteilung der standardisierten Zufallsvariablen $Y^* = \frac{Y-17,5}{\sigma}$ mit der Normalverteilung approximieren.
Es gilt dann auch, dass die Wahrscheinlichkeitsfunktion f_Y von Y ungefähr mit der Dichtefunktion f von $N(\mu(Y), \sigma(Y))$ übereinstimmt. Beachte, dass aus $F(x) = \Phi(\frac{x-\mu}{\sigma})$ folgt, dass $f = F'(x) = \frac{1}{\sigma}\varphi(\frac{x-\mu}{\sigma})$ ist.
Konkret ist

$$p(Y=15) = f_Y(k) \sim f(k) = \frac{1}{\sigma}\varphi(\frac{k-\mu(Y)}{\sigma(Y)}) \sim \frac{1}{3,819}\varphi(\frac{15-17,5}{3,819}) \sim 0,084.$$

und analog erhält man $p(Y=7) \sim 0,0023$. Es gibt, wie man leicht sieht genau 15 Elementareignisse mit Augensumme 7. Daher ist $p(Y=7) = \frac{15}{6^5} \sim 0,0018$. Der Vergleich zeigt, dass die Approximation auch am Rand der Verteilung recht gut ist.

8.4 Stichproben und Parameterschätzung

Aufgabe der Mathematischen Statistik ist es, Methoden zu entwickeln, die es erlauben sowohl Zufallsexperimente zu konzipieren als auch auszuwerten. Beide Aspekte sind eng miteinander verbunden. Während man in der Wahrscheinlichkeitstheorie im Prinzip davon ausgeht, dass die Wahrscheinlichkeiten der Ereignisse gegeben sind, ist es eine Aufgabe der Statistik diese möglichst gut zu schätzen.
Statistische Untersuchungen beziehen sich auf eine festgelegte Menge von Datenwerten, die alle denkbaren Beobachtungseinheiten darstellen. Diese Menge, üblicherweise mit Ω bezeichnet, wird in der Regel als *Population* (oder als Grundgesamtmenge bzw. Stichprobenraum bezeichnet), sicherlich davon abgeleitet, dass sich viele statistische Untersuchungen mit der Bevölkerungsentwicklung befassen. Mathematisch gesehen ist Ω eine nicht leere Menge. Die Elemente $\omega \in \Omega$ nennt man in der Statistik Merkmalsträger, im Unterschied zu den Elementarereiginssen in der Wahrscheinlichkeitstheorie.
Typische Beispiele von Populationen Ω sind etwa

- $\{\omega; \omega$ ist Student an der Universität Stuttgart $\}$. Diese Menge kann mit der Datei aller Matrikelnummern identifiziert werden.

- $\{\omega; \omega$ ist eine Euromünze$\}$
- $\{\omega; \omega$ ist Schraube einer Massenproduktion von Schrauben einer Firma $\}$.

In der Regel ist es nicht möglich, ganz Ω auszuwerten, um eine gewisse Fragestellung zu beantworten. Interessiert man sich beispielsweise dafür, wieviele der im Umlauf befindlichen 2 - Euromünzen Gedenkmünzen sind, dann kann man dazu nicht jede einzelne überprüfen. Die Statistik bedient sich hierzu einer *Stichprobe*, d.h. einer gewissen Teilmenge von Ω, die um aussagekräftig sein zu können, völlig zufällig sein sollte, die repräsentativ sein sollte und sicherlich einen gewissen Umfang haben muss. Etwas genauer definiert man:

Sei Ω eine Population, $X : \Omega \longrightarrow \mathbb{R}$ eine Zufallsvariable und $\{\omega_1, \ldots, \omega_k\} \subset \Omega$. Dann nennt man die Folge $S := X(\omega_1), X(\omega_2), \ldots, X(\omega_k)$ eine (empirische) Stichprobe oder auch eine Messreihe. Man nennt S zufällig, wenn jedes Element von Ω mit gleicher Wahrscheinlichkeit in die Stichprobe gelangen kann.

Mathematisch präziser definiert man eine (mathematische) Stichprobe als eine Folge $X_1, \ldots, X_n$ unabhängiger identisch verteilter Zufallsvariablen. Im folgenden kann man aber zur Vereinfachung unter Stichprobe eine empirische Stichprobe verstehen.

Parameterschätzung: Aus der Stichprobe S_k möchte man Aussagen über die Verteilung der Zufallsvariablen X gewinnen. Von X werde angenommen, dass es zu einer bestimmten Verteilungsklasse gehört (z.B. zur Normalverteilung $N(\mu, \sigma)$ oder zur Binomialverteilung $B(n, p)$). Gesucht ist letztendlich eine gute Annäherung an den Parameter der Verteilung, also z.B. an μ bzw. σ oder an p.
Hierzu definiert man eine Schätzfunktion $T_n : \mathbb{R}^n \longrightarrow \mathbb{R}$ und erhält via $T_n(X(\omega_1), X(\omega_2), \ldots, X(\omega_n)$ eine von $n \in \mathbb{N}$ abhängige reelle Zahl. $T_n(X)$ ist selbst eine Zufallsvariable und man kann die Folge $(T_n(X))_{n \in \mathbb{N}}$ betrachten.

Sei β der zu schätzende Parameter, dann nennt man T_n erwartungstreu, wenn $E(T_n(X)) = \beta$ ist.

Für Anwendungen relevant sind insbesondere folgende empirische Schätzfunktionen:

- Setze $x_i = X(\omega_i)$. Dann versteht man unter dem empirischen Mittelwert
$$d_n := \frac{1}{n} \sum_{i=1}^{n} x_i.$$
- Die empirische Varianz ist dann gegeben durch
$$\frac{1}{n-1} \sum_{i=1}^{n} (x_i - d_n)^2.$$

Eine andere Methode zur Parameterschätzung ist die sogenannte *Maximum Likelihood Methode* [1], kurz ML-Methode genannt, die von R.A.Fisher 1912 eingeführt wurde.

Sei X eine Zufallsvariable, deren Wahrscheinlichkeitsfunktion oder Dichte f von einem Parameter β abhänge. Sei $x_1, \ldots, x_n$ eine Stichprobe. Dann ist deren Wahrscheinlichkeit gegeben durch

$$l(x_i; \beta) = f(x_1, \beta) \cdot \ldots \cdot f(x_n, \beta).$$

Für konkrete x_i ist dann l nur noch eine Funktion von β, die mit $L(\beta)$ bezeichnet werde und Likelihood - Funktion genannt wird. Die ML - Methode wählt nun als Schätzung für β jenen Wert, für den L maximal wird (sofern ein solcher Wert existiert). Da die Funktionswerte von L größer 0 sind, kann man auch die logarithmierte Likelihood-Funktion betrachten

$$\ln L(\beta) = \prod_{i=1}^{n} f(x_i, \beta) = \sum_{i=1}^{n} \ln f(x_i, \beta),$$

die wegen der Monotonie des Logarithmus an derselben Stelle ein Maximum annimmt.

Beispiel: Bei einer Zufallsvariable, die eine Poissonverteilung $P(\lambda)$ besitzt, werde als Stichprobe $x_1 = 2, x_2 = 3$ gemessen. Man errechnet

$$L(\lambda) = \frac{\lambda^2}{2!} e^{-\lambda} \cdot \frac{\lambda^3}{3!} e^{-\lambda} = \frac{\lambda^5}{12} e^{-2\lambda}.$$

Ableiten liefert

$$L'(\lambda) = 0 = 5\frac{\lambda^4}{12} e^{-2\lambda} + \frac{-2\lambda^5}{12} e^{-2\lambda}$$

als notwendige Bedingung für ein Maximum. Somit ergibt sich $\lambda = 2,5$ als Maximum und daher als Schätzwert zur ML - Methode.

8.5 Konfidenzintervalle

Unter einem *Konfidenzintervall* einer für einen unbekannten Parameter β einer Verteilung versteht man ein Intervall $[\beta_1, \beta_2]$, welches β nicht mit absoluter Sicherheit aber mit einer hohen Wahrscheinlichkeit q enthält. q nennt man Konfidenzlevel (oder auch Konfidenzniveau). Die Grenzen des Konfidenzintervalls hängen von q ab. Je größer q desto breiter wird das Intervall.

Für q werden häufig Werte wie etwa $0,95$ bzw. $0,99$ gewählt, d.h. die Irrtumswahrscheinlichkeit $1-q$ ist $0,05$ bzw. $0,01$. Wie man in der Praxis q wählt, hängt natürlich auch von der Problemstellung ab. Muss man sehr genau sein, wie beispielsweise bei medizinischen Fragen, wird man $q = 0,99$ versuchen.

[1]Likelihood ist das englische Wort für maximale Wahrscheinlichkeit, im Unterschied zu probability

β_1 und β_2 werden durch eine Stichprobe, also durch n Beobachtungen $x_1, \ldots, x_n$ einer Zufallsvariablen X, berechnet mit der Bedingung

$$p(\beta_1 \leq \beta \leq \beta_2) = q.$$

Etwas genauer betrachtet man die $x_1, \ldots, x_n$ als einzelne Ergebnisse von n unabhängigen identisch verteilten Zufallsvariablen $X_1, \ldots, X_n$. Es gilt

Satz 8.5.1. Seien $X_1, \ldots, X_n$ unabhängige identisch normal verteilte Zufallsvariable mit Erwartungswert μ und Varianz σ^2. Dann gilt

- Die Zufallsvariable $X = X_1 + \ldots + X_n$ ist normal verteilt mit $E(X) = n\mu$ und Varianz $n\sigma^2$. Ebenso ist $\overline{X} := \frac{1}{n}X$ normal verteilt mit $E(\overline{X} = \mu)$ und Varianz $\frac{\sigma^2}{n}$.

Um mittels Stichproben bei einer Normalverteilung bei bekannter Varianz ein Konfidenzintervall für μ zu bestimmen, kann man dann nach Satz 8.5.1. folgendermaßen vorgehen.

Sei q das erwünschte Konfidenzniveau. Mit Übergang zur standardnormalverteilten Zufallsvariablen $Z = \frac{(\overline{X}-\mu)\sqrt{n}}{\sigma}$ ist dann

$$F(-c \leq Z \leq c) = \Phi(c) - \Phi(-c) = 2\Phi(c) - 1 \geq q.$$

Aus der Tabellierung von Φ ergibt sich dann für $q = 0,90$ dass $c = 1,645$ ist (bzw. für $q = 0,99$ wäre $c = 2,576$). Beachte c liefert die Intervallgrenzen für Z. Jene von $\overline{X}$ ergeben sich aus der Transformation dann zu

$$\frac{c \cdot \sigma}{\sqrt{n}}.$$

Kurztabelle zu Φ.

z	0,0	0,2	0,4	0,5	0,6	0,8
$\Phi(z)$	0,500	0,579	0,655	0,6915	0,726	0,788
z	1,0	1,5	1,65	2,0	3,0	4,0
$\Phi(z)$	0,841	0,933	0,9505	0,977	0,9986	0,99997

Für eine ausführlichere Einführung zur Wahrscheinlichkeitstheorie und Statistik und weiteren Themen, die gelegentlich in einer HM III behandelt werden, wie z.B. Grundlagen zur Codierungstheorie und Variationsrechnung wird auf das Repetitorium zur HM3 von G.Nebe und M.Künzer in Mathematik - Online (mo.mathematik.uni-stuttgart.de/kurse/kurs2/) verwiesen.

Anhang A. Gleichmäßige Konvergenz

Eine Reihe, genauer gesagt eine Funktionenreihe, der Form

$$\sum_{n=1}^{\infty} a_n(x) \quad , x \in D$$

nennt man im Definitionsbereich D gleichmäßig konvergent gegen die Grenzfunktion $a(x) := \sum_{n=1}^{\infty} a_n(x)$, wenn

$$\forall_{\varepsilon>0} \exists_{n_0 \in \mathbb{N}} \forall_{x \in D} \forall_{n>n_0} \quad n > n_0 \implies \left| \sum_{n=1}^{\infty} a_n(x) - a(x) \right| < \varepsilon \, .$$

Bemerkungen:

- Der wesentliche Punkt in der Definition ist, dass n_0 gleichzeitig für alle $x \in D$, somit unabhängig von $x \in D$, gewählt werden kann.
- Damit eine Funktionenreihe gleichmäßig konvergieren kann, muss sie zumindest für jedes $x \in D$ konvergieren.

Folgende wichtige Sätze sind von grundlegender Bedeutung.

Satz 1. Potenzreihen konvergieren innerhalb ihres Konvergenzkreises gleichmäßig. Präziser gesagt, eine Potenzreihe konvergiert in jedem abgeschlossenen Intervall innerhalb des Konvergenzkreises gleichmäßig.

Satz 2. Falls $\sum_{n=1}^{\infty} a_n(x)$ gleichmäßig in D konvergiert, dann ist die Grenzfunktion $a(x)$ stetig in D.

Satz 3. Falls $\sum_{n=1}^{\infty} a_n(x)$ gleichmäßig in D gegen $a(x)$ konvergiert, dann gilt:

a) Setze $A_k(x) = (\sum_{n=1}^{k} a_n(x))$. Falls alle $a_n(x)$ differenzierbar sind und die Folge der Ableitungen $A_k(x)'$ gleichmäßig (gegen eine geeignete Grenzfunktion) konvergiert, dann ist $a(x)$ differenzierbar und es gilt

$$a'(x) = \sum_{n=1}^{\infty} a'_n(x).$$

b) $\int a(x)dx = \sum_{n=1}^{\infty} \left(\int a_n(x)dx\right)$

Die gleichmäßige Konvergenz erlaubt es also, dass man die Grenzprozesse Summmation und Integration miteinander vertauschen kann. Im Allgemeinen ist eine solche Vertauschung nicht zulässig und führt zu falschen Resultaten.

Eine Folge der Form $(a_n(x))_{n\in\mathbb{N}}, x \in D$ nennt man eine Funktionenfolge. Funktionenreihen $\sum_{i=1}^{\infty} a_i(x)$ sind spezielle Funktionenfolgen $(b_n(x))_{n\in\mathbb{N}}$ mit $b_n(x) = \sum_{i=1}^{n} a_i(x)$.

Gleichmäßige Konvergenz lässt sich völlig analog wie oben auch für Funktionenfolgen definieren. Satz 2 über die Stetigkeit der Grenzfunktion gilt entsprechend.

Beispiel: Betrachte die Funktionenreihe $\sum_{n=1}^{\infty} \frac{\cos nx}{n^2}$ mit $x \in \mathbb{R}$. Es gilt die Abschätzung

$$\sum_{n=1}^{\infty} \frac{\cos nx}{n^2} \le \sum_{n=1}^{\infty} \left|\frac{\cos nx}{n^2}\right| \le \sum_{n=1}^{\infty} \frac{1}{n^2}.$$

Die Reihe $\sum_{n=1}^{\infty} \frac{1}{n^2}$ konvergiert, offensichtlich unabhängig von x. Somit gilt für

$$\forall_{\varepsilon>0} \exists_{n_0\in\mathbb{N}} \forall_{m>n_0} \quad \left|\sum_{n=1}^{\infty} \frac{1}{n^2} - \sum_{n=1}^{m} \frac{1}{n^2}\right| < \varepsilon.$$

Daher folgt (zu vorgegebenem ε mit n_0 bzw. m)

$$\left|\sum_{n=1}^{\infty} \frac{\cos nx}{n^2} - \sum_{n=1}^{m} \frac{\cos nx}{n^2}\right| = \left|\sum_{n=m+1}^{\infty} \frac{\cos nx}{n^2}\right| \le \sum_{n=m+1}^{\infty} \frac{1}{n^2} < \varepsilon.$$

Die Funktionenreihe ist also gleichmäßig konvergent in ganz $\mathbb{R}$.

Allgemeiner gilt folgender Satz, dessen Beweis leicht obigem Beispiel abgewonnen werden kann.

Satz 4: Gibt es zu gegebener Funktionenreihe $\sum_{n=1}^{\infty} a_n(x)$, $x \in D$ eine konvergente Reihe $\sum_{n=1}^{\infty} b_n$ von zu x unabhängigen Summanden $b_n \in \mathbb{R}$, so dass

$$\forall_{n\in\mathbb{N}} \forall_{x\in D} |a_n(x)| \le b_n \ ,$$

dann ist $\sum_{n=1}^{\infty} a_n(x)$ in D gleichmäßig und absolut konvergent.

Man beachte, dass in Satz 4 die Reihe $\sum_{n=1}^{\infty} b_n$ absolut konvergiert.
Alle Aussagen von Anhang A lassen sich auch in analoger Weise für Funktionenreihen mit komplexer Variable z formulieren.

Anhang B. Diskrete Fouriertransformation und trigonometrische Interpolation

Allgemeine Interpolationsaufgabe: Gegeben sei eine Funktion $g : \mathbb{R} \longrightarrow \mathbb{R}$ bzw. $\mathbb{R} \longrightarrow \mathbb{C}$. Zu einer vorgegebenen Zahl von Punkten $(x_j, g(x_j))$ wird aus einer Klasse von mathematisch gut behandelbaren Funktionen (z.B. aus der Klasse der reellen Polynome $Pol\mathbb{R}$ bzw. der komplexen Polynome $Pol\mathbb{C}$) eine Funktion p gesucht, deren Graph durch die vorgegebenen Punkte $(x_j, g(x_j))$ geht.

Ist $g : [0, 2\pi] \longrightarrow \mathbb{R}$ bzw. $\mathbb{C}$ (2π - periodisch fortgesetzt), dann liegt es nahe p aus der Klasse der trigonometrischen Polynome zu wählen. Präziser formuliert ist dann folgende Aufgabe zu bewältigen.

Trigonometrische Interpolation: Gegeben sei $g : [0, 2\pi] \longrightarrow \mathbb{R}$ bzw. $\mathbb{C}$. Sei

$$x_0 = 0,\ x_1 = \frac{2\pi}{n}, \ldots, x_{n-1} = (n-1)\frac{2\pi}{n},\ x_n = 2\pi.$$

Dann ist ein trigonometrisches Polynom

$$p_n(x) := \sum_{k=0}^{n-1} c_k e^{ikx}$$

gesucht mit

$$p_n(x_j) = g(x_j) \text{ für } 0 \leq j \leq n-1.$$

Beachte, dass $g(x_0) = g(x_n)$. Einsetzen in $p_n(x)$ liefert

$$\sum_{k=0}^{n-1} c_k e^{ikx} = g(x_j) \quad \text{für} \quad 0 \leq j \leq n-1.$$

Somit entsteht für $c_0, \ldots, c_{n-1}$ ein lineares Gleichungssystem mit Koeffizientenmatrix $F_n = (f_{ij})$ mit

$$f_{ij} = e^{ikj\frac{2\pi}{n}} = \zeta^{jk},$$

wobei $\zeta = e^{2\pi i/n}$ ist. F_n ist also die symmetrische n-te Fouriermatrix und somit regulär (und leicht zu invertieren, da bis auf Vorfaktor unitär; vgl. Abschnitt 5.7).

In Matrixschreibweise hat das LGS die Form

$$F_n \cdot \begin{pmatrix} c_1 \\ \vdots \\ c_n \end{pmatrix} = \begin{pmatrix} g(x_1) \\ \vdots \\ g(x_n) \end{pmatrix}.$$

Daher

$$\begin{pmatrix} c_1 \\ \vdots \\ c_n \end{pmatrix} = \frac{1}{n}\bar{F}_n$$

und $p_n(x)$ ist eindeutig bestimmt.

Im Prinzip löst sich also die trigonometrische Interpolationsaufgabe durch die Inversion der diskreten Fouriertransformation, vgl. Abschnitt 5.7.

Anhang C. Ergänzungen zu partiellen Differentialgleichungen

C1. d'Alembertsche Lösung der Wellengleichung

Lösungen der Wellengleichung $y_{tt} = c^2 \cdot y_{xx} \quad (c \neq 0)$

ergeben sich durch den üblichen Separationsansatz $y(x,t) = v(x) \cdot w(t)$.

Z.B. erhält man für $c = 1$

$$y(x,t) = (c_1 + c_2 x)(d_1 + d_2 t).$$

Für das AWP $\quad y(x,0) = x \;$ und $\; y_t(x,0) = x$

errechnet sich dann mit Koeffizientenvergleich die Lösung $y(x,t) = x + tx$. Es stellt sich die Frage, ob dies die einzige Lösung ist und ob durch Separationsansatz alle Lösungen der Wellengleichung zu ermitteln sind.

Lösungsformel von d'Alembert. Ist $f \in C^2(\mathbb{R}), g \in C^1(\mathbb{R})$, dann besitzt in $\mathbb{R} \times (0,\infty)$ das AWP

$$y_{tt} = c^2 \cdot y_{xx} \text{ mit } y(x,0) = f(x) \text{ und } y_t(x,0) = g(x)$$

genau eine Lösung. Diese ist gegeben durch

$$y(x,t) = \frac{1}{2}(f(x+ct) + (f(x-ct)) + \frac{1}{2}\int_{x-ct}^{x+ct} g(z)dz$$

Herleitung der Formel: Mit der Variablentransformation

$$v = x + ct, w = x - ct$$

und dem Ansatz

$$y(x,t) = y(\frac{v+w}{2}, \frac{v-w}{2c}) = u(v,w)$$

ergibt sich aus der Kettenregel

$$y_x = (u_v, u_w) \cdot (v_x, w_x) = u_v v_x + u_w w_x = u_v + u_w$$

und

$$y_t = (u_v, u_w) \cdot (v_t, w_t) = u_v v_t + u_w w_t = c(u_v - u_w),$$

bzw. nach nochmaligem Ableiten und Verwendung des Satzes von Schwarz

$$y_{xx} = ((y_x)_v, (y_x)_w) \cdot (1,1) = u_{vv} + u_{wv} + u_{vw} + u_{ww} = u_{vv} + 2u_{wv} + u_{ww}$$

und

$$y_{tt} = ((y_t)_v, (y_t)_w) \cdot (c, -c) = c^2 u_{vv} - c^2 u_{wv} - c^2 u_{vw} + c^2 u_{ww} = c^2(u_{vv} - 2u_{wv} + u_{ww}).$$

Daher

$$y_{tt} - c^2 \cdot y_{xx} = -4c^2 u_{vw} = 0.$$

Somit

$$u_{vw} = 0 \longrightarrow u_v = \text{const.} + h_1(v) \longrightarrow u = h_1(v) + h_2(w)$$

also

$$y(x,t) = h_1(x+ct) + h_2(x-ct).$$

Dies ist die allgemeine Lösung der Wellengleichung, hierbei sind h_1 und h_2 beliebige zweimal stetig differnzierbare Fuktionen. Verwendet man jetzt die Anfangsbedingungen ein, so ergibt sich

$$f(x) = h_1(x) + h_2(x) \text{ und } g(x) = c \cdot (h_1'(x) - h_2'(x)).$$

Aus der zweiten Gleichung folgt

$$h_1(x) - h_2(x) = \frac{1}{c} \int_0^x g(z)dz + h_1(0) - h_2(0).$$

Setzt man $k := h_1(0) - h_2(0)$, dann ist

$$h_1(x+ct) = \frac{1}{2}f(x+ct) + \frac{1}{2c}\int_0^{x+ct} g(z)dz + \frac{k}{2}$$

und

$$h_2(x-ct) = \frac{1}{2}f(x-ct) + \frac{1}{2c}\int_0^{x-ct} g(z)dz - \frac{k}{2}.$$

Insgesamt folgt

$$y(x,t) = \frac{1}{2}f(x+ct) + \frac{1}{2}f(x-ct) + \frac{1}{2c}\int_{x-ct}^{x+ct} g(z)dz.$$

Man verifiziert leicht, dass dies in der Tat eine Lösung des AWP ist. Ist y_1 eine weitere Lösung, dann ist $y - y_1$ eine Lösung der Wellengleichung mit homogenen Anfangsbedingungen, also $(y-y_1)(x,0) = 0$ und $(y-y_1)_t(x,0) = 0$. Obige Rechung zur d'Alembertschen Formel zeigt dann in diesem Fall, dass $y - y_1 = 0$ ist. Dies zeigt die Eindeutigkeit. □

C2. Dirichlet-Problem am Kreis.

In diesem Abschnitt soll das Dirichlet-Problem an einem Kreis betrachtet werden, d.h. es geht um die Aufgabe stetig differenzierbare Funktionen $u(x,y)$ zu bestimmen, die in einem Kreis um O vom Radius R für $x^2 + y^2 < R^2$ die Potentialgleichung

$$\Delta u = u_{xx} + u_{yy} = 0$$

mit der Randbedingung

$$u(x,y) = f(x,y) \quad \text{für} \quad x^2 + y^2 = R^2$$

erfüllen. Man vergleiche auch die Bemerkungen nach Satz 7.8.2.

Der Kreis legt die Umrechnung, mit Hilfe der Kettenregel, in Polarkoordinaten nahe.

Aus $x = r \cdot \cos\varphi, y = r \cdot \sin\varphi$ bzw. $\varphi = arctan(\frac{y}{x}), r = \sqrt{x^2+y^2}$ folgt

$$r_x = \frac{x}{r} = \cos\varphi, \varphi_x = \frac{-\sin\varphi}{r}.$$

Der Ansatz $u(x,y) = g(r,\varphi)$ führt zu

$$u_x = g_r \cos\varphi - g_\varphi \frac{\sin\varphi}{r}$$

bzw.

$$u_y = g_r \sin\varphi + g_\varphi \frac{\cos\varphi}{r} .$$

Nochmaliges Ableiten liefert letztlich

$$u_{xx} + u_{yy} = g_{rr} + \frac{1}{r} g_r + \frac{1}{r^2} g_{\varphi,\varphi} .$$

Der Separationsansatz $g_{r,\varphi} = v(r) \cdot w(\varphi)$ ergibt für w die gewöhnliche DGL mit konstantem k

$$w''(\varphi) + k \cdot w(\varphi) = 0$$

und für v

$$r^2 v''(r) + r v'(r) - k v(r) = 0.$$

Die DGL für v ist eine Eulersche Differentialgleichung, die mit der Substitution $z(t) = v(e^t), r = e^t$ in

$$z''(t) - k z(t) = 0$$

übergeht.

w ist als Funktion von φ eine 2π-periodische Funktion. Dies erzwingt $k = n^2$ mit $n \in \mathbb{N}_0$. Als Lösung erhält man

$$w_n = c_1 \cos n\varphi + c_2 \sin n\varphi \quad (n \in \mathbb{N}).$$

Für z ergibt sich

$$z(t) = c e^{nt} + d e^{-nt} \text{ für } n > 0 \text{ bzw. } z(t) = \tilde{c} + \tilde{d} t \text{ für } n = 0$$

und hieraus

$$v(r) = c r^n + d r^{-n} \text{ für } n > 0 \text{ bzw. } v(r) = \tilde{c} + \tilde{d} \ln r \text{ für } n = 0 .$$

Da die Lösungen innerhalb des Kreises zumindest stetig sein sollen, folgt $d = \tilde{d} = 0$. Daher ist letztlich die Lösung des homogenen Systems

$$g_(r, \varphi) = (k_1 \cos n\varphi + k_2 \sin n\varphi) \cdot r^n \text{ mit } n \in \mathbb{N}_0.$$

Da man die Randbedingung einfach durch $r = R$ charakterisieren kann, ergibt sich für das RWP der Ansatz

$$g_0(\varphi) = \sum_{n=0}^{\infty} (a_n \cos n\varphi + b_n \sin n\varphi) \cdot R^n .$$

$a_n R^n$ bzw. $b_n R^n$ ergeben sich dann schließlich als Fourierkoeffizienten von $f(R\cos\varphi, R\sin\varphi)$.

Literatur zur Höheren Mathematik

zur mehrdimensionalen Analysis

Lehrbücher

empfohlen für eine ausführlichere Darstellung:

Burg/Haf/Wille	Höhere Mathematik für Ingenieure Band IV, 5.Auflage Teubner Stuttgart 2001 Höhere Mathematik für Ingenieure Band V, 3.Auflage Teubner Stuttgart 1991
Meyberg/Vachenauer	Höhere Mathematik 1, 6.Auflage, Springer Verlag 2001 Höhere Mathematik 2, 4.Auflage, Springer Verlag 2001
Kreyszig	Advanced Engineering Mathematics, 8.Edition, John Wiley and Sons 1999
Mathematik-Online	Höhere Mathematik Band 3 ISBN 978-3-9810423-1-3, zweiter überarbeiteter Nachdruck 2009

empfohlen als Grundlage

Kimmerle/Stroppel	Lineare Algebra und Geometrie für Ingenieure, Mathematiker und Physiker, edition delkhofen 3.Auflage 2009
Kimmerle/Stroppel	Analysis für Ingenieure Mathematiker und Physiker, edition delkhofen 2.Auflage 2009

Literatur zu Analysis

Heuser	Lehrbuch der Analysis Teil 1 und 2 Teubner Stuttgart 2003 bzw. 2002

Computeralgebra

Maplesoft: Maple 10

Formelsammlungen

Bronstein/Semendjajew	Taschenbuch der Mathematik Harri Deutsch 1997

Aufgabensammlungen

Mathematik-Online	Aufgaben und Lösungen zur Höheren Mathematik, Band 2 Differentialgleichungen, Vektoranalysis, Komplexe Analysis und Fourier-Analysis, 2006, ISBN 3 - 9810423-2-8
Mathematik-Online	Klausuren mit Lösungen zur Höheren Mathematik, Band 2 HM III, 2006, ISBN 3 - 9810423-3-6

Online - Hinweise

http://www.mathematik-online.org

Index